冒 险 永 不 结 束

奇遇时刻
ventura

战争的
精神分析

[奥] 西格蒙德·弗洛伊德
——著

张巍卓
——译——导读

GUANGXI NORMAL UNIVERSITY PRESS
广西师范大学出版社
·桂林·

战争的精神分析

ZHANZHENG DE JINGSHENFENXI

图书在版编目（CIP）数据

战争的精神分析 / （奥）西格蒙德·弗洛伊德著；
张巍卓译、导读. -- 桂林：广西师范大学出版社，
2025. 8. -- ISBN 978-7-5598-8309-4

Ⅰ. B84-065

中国国家版本馆 CIP 数据核字第 2025H928Q1 号

广西师范大学出版社出版发行

广西桂林市五里店路 9 号　邮政编码：541004

网址：http://www.bbtpress.com

出 版 人：黄轩庄

经　　销：全国新华书店

发行热线：010-64284815

印　　制：北京雅昌艺术印刷有限公司

开　　本：715×889mm　1/32

印　　张：4.375

字　　数：65 千

版　　次：2025 年 8 月第 1 版

2025 年 8 月第 1 次印刷

定　　价：39.00 元

如发现印装质量问题，影响阅读，
请与出版社发行部门联系调换。

目录

关于战争与死亡的当代考察

西格蒙德·弗洛伊德

（一）

战争的幻灭感

自从卷入战时[1]的漩涡，我们耳闻片面的报道，无法拉开距离来观察已经发生或正在发生的剧变，同时亦对正在形成着的未来毫无预感，于是我们困惑于那些由外界强加给我们的印象，不明白它们的意义，也搞不懂我们的种种判断有何价值。在我们看来，似乎有史以来从未发生过这样的事件，它毁灭了如此多人类的宝贵财富，让如此多最明晰的头脑陷入迷惑，且如此彻底地羞辱了高贵人士。甚至科学都失去了她不动感情的、不偏不倚的立场，她最心怀怨恨的仆人们试图从她那儿获取武器，用来为攻击敌人做出自己的贡献。人类学家们必然宣称对手乃劣等和堕落的民族；精神病学家们则公布他们的诊断结果，指出敌人的精神紊乱与灵魂无序。不过，我们或许对这个时代的恶感受得过于强烈，况且我们并无权利拿它来同我们未曾经历过的其他时代的恶做比较。

1　指第一次世界大战。——中译者注

那些并非战士，因而没成为庞大战争机器里的一颗微粒的个体，感到自己的生活方向陷于混乱、行事能力受到阻碍。我想，他们会悦纳任何能宽慰他们，至少能让他们稳定内心的小暗示。在那些给留守战争后方的人们带来灵魂痛苦，向他们提出如此困难的任务的因素中，我想强调，并在这里探讨两点：第一是这场战争引起的幻灭感（Enttäuschung），第二是这场战争——正如所有其他战争那样——迫使我们转变了的对死亡的态度。

一说起幻灭感，所有人立刻就明白它的意思。我们不必是狂热的同情分子，就能认识到：对于人类生活的经济性来说，痛苦在生理与心理层面都是必要的，但这并不妨碍他们谴责战争的手段和目的、渴望结束战争。有人说，只要各个民族生活在不同的条件下，只要他们对各自生活的评价差异悬殊，只要离间彼此的仇恨感表现出如此强大的灵魂驱力力量，那么战争就不会终结。因此我们做好了准备，去应对发生在野蛮民族同文明民族间，以及由肤色分离开的人类各种族间的战争，还有同欧洲内部不发达的或粗野的民族的斗争，以及它们之间的彼此对抗。人类要摆脱残暴的战争，还有很长的路要走。但我们敢于怀抱止战愿景。我们曾寄希望于那些伟大的、统治着世界的白种人国家，领导人类历史的重任就落在他们肩上，众所周知，他们致力于维护全世界的利益，他们的发明促进了技术的进步，助人支配自然，同样也助人提升艺术和科学的文化价值。我们曾寄希望于这些白人民族开辟出一些另外的道路，来疏解人类的分歧与利益冲突。在每个这样的国家里，国家为每一个体制定了很高的伦理准则，但凡任何愿意参与到这个文化共同体当中的个人，皆据此确立自己的生活方式。这些往往严苛的规定对个人提出了很高的要求，比如相当的自我节制，又比如尽可能放弃自己驱力的满足。最首要的要求，莫过于不允许他靠谎言和诈骗与同胞竞争，为自己牟取额外的利益。文化国家（Kulturstaat）视这些伦理规范为自身存在的基础，当有人敢去侵犯它们的时候，国家一定会严肃地出手干预，而且国家常常会声明，仅仅用批判性思维来检验这些伦理规范，亦是不适宜的举动。因此可以设想，只有国家自己才愿意尊重它们，并且无意做任何反对它们的事情，如果不这样，那么它就否定了自己存在的基础。最后，我们还能认识到，这些文化国家内部都零星散布着一定数量其余民族的残余人口，虽说他们完全能证明自己适于在此国家里生存，但国家往往并不愿接纳他们，因而只是勉强地、并不完全地允许他们参与共同的文化事业。然而人们可能以为，今天的诸伟大民族已经如此广泛地理解了彼此的共同性，因此非常宽容地对待相互间的差异，以至于他们不再像古典古代的先人那样将"外人"（fremd）和"敌人"（feind-lich）混合为一个概念。

由于信赖文化民族间的一致性，无数人将自己的居住地从故乡迁往国外，并且把自己的生活与各友好民族间的交往关系相联结。任何不因生活的困苦而长期被限制在同一个地方的人，能利用文化国家的一切优势与魅力，为自己构建一个全新的、更大的祖国，在那儿，他不受阻碍地自由驰骋。这样他便可尽情观赏蔚蓝色和灰色的大海，享受雪山与绿色草场之美好，体尝北方森林的奇妙和南方植被的壮丽，山水氛围唤起了他伟大的历史记忆，未受玷污的大自然的宁静令他赞叹不已。在他看来，这个新祖国也是一座博物馆，满载所有珍宝，皆为几个世纪以来文化人[1]群体里的艺术家们创造和遗留下来的财富。当他从这座博物馆的一个展厅漫步到另一展厅，他能不怀党派偏见地欣赏、评判他众多同胞们创作的艺术品，它们是完美的造物，混合了各种文化血统，各自打上了历史和大地母亲的独特烙印。在这儿，他发现高度冷静和坚强的精神力量；在那儿，他见证了美化生活的优雅艺术；在其他地方，他体会到秩序感和法律感，或者其他使得人类成为大地主人的品质。

我们也不应忘记，每个文化世界里的公民都为自己建造了一座独特的"帕纳索斯山"[2]和一座"雅典学园"。他在所有民族的伟大的思想家、诗人、艺术家当中，选择了他认为在享受生活和理解生活方面最能给他教益之人，并将他们同自己的不朽祖先

1 在弗洛伊德这里，"文化"（Kultur）与"文明"（Zivilisation）是等义的概念。他在《一个幻觉的未来》一书里就写道："我鄙视区分文化和文明的做法。我们知道，文明向观察者呈现了两个方面：其一，它包括人们所有的知识和能力，以实现控制自然的力量，并利用自然财富来满足人类的需求；其二，它包括所有必要的规制，以调节人们之间的关系，尤其是分配可用的财富。"参见西格蒙德·弗洛伊德：《文明极其不满》，林宏涛译，浙江大学出版社，2024年，第3页。——中译者注
2 在古希腊神话里，帕纳索斯山是太阳神阿波罗和文艺女神们的灵地、缪斯的家乡。——中译者注

以及自己所熟悉的、说着本国语言的大师们一道敬奉。他不会因为这些伟大者当中的任何一位操着不同的语言而觉得与之陌生，同样地，他敬仰无与伦比的人类激情的探索者，欣赏醉心于美的狂想师，敬畏提出强有力预言的先知以及感觉敏锐的讽刺家，他从不会为此自责背弃了祖国和自己所热爱的母语。

文化共同体的享受有时被一些杂音滋扰，它们警告说：由于自古以来人类之间就存在着分歧，即使共同体成员之间，战争也是不可避免的。人们不愿意相信这是真的，但假如一场战争就这么爆发了，他们会如何想象它呢？自从希腊的近邻同盟发布禁令，禁止同盟里的任何城邦被毁灭、禁止砍伐橄榄树和切断水源以来，战争就被视作展现人类共同情感之进步的一个契机。他们还会将战争看作骑士间的武装决斗，只要能确认决斗一方的优势，就尽最大可能避免双方的严重伤亡，决出结果即可，此外当尽力怜悯从决斗中退出的伤者，怜悯照顾伤者的医生与护士。当然，战争期间，要充分关切非交战的人口、远离战争机器的妇女以及成长中的孩子，无论战争哪一方的孩子，长大后都应彼此为友、互相帮助。再者，还要维护所有在和平时期充当文化共同体的国际企业和机构。

像这样的战争仍会带来非常可怕和难以忍受的后果，尽管如此，它无法中断人类的群体间、民族间以及国家间伦理关系的发展。

但我们不愿相信的大战爆发了，它带来了——幻灭感。这场大战因其进攻与防卫的武器的完善，比过去任何一场战争都更血腥、更具毁灭性，而且至少同此前任何一场战争一样地残酷、冰冷、无情。它逾越了所有人们在和平时期应遵守的所谓"国际法"的限制，无视伤者与医生的优先权，不区分人口中的参战部分和非参战部分，践踏私有财产权。它盲目愤怒地抛开一切阻挡它道路的东西，仿佛在它以后，人类不再有未来，亦不再有和平。它毁掉彼此开战的民族间的一切共同体纽带，威吓着要把痛苦施加给对手，让未来很长时间内重归于好的可能性付诸东流。

这场大战还使得一个不可理解的现象浮出了水面：诸文化民族居然相互认识、理解得如此之少，他们居然怀着仇恨与厌恶彼此对待。没错，一个伟大的文化民族[1]，竟招致一众的憎厌，她被冠以"野蛮"之名，被排除出文化共同体，尽管长久以来，她都凭着自己为此文化共同体做出的最了不起的贡献，证明自己是合格的共同体成员。我们希望，无偏见的史学能提供证据，表明这个国家——我们用她的语言来书写、我们所爱的人为她的胜利而斗争——至少曾违犯了人类文明的法则。但在当前时代，谁有资格充当判定这件事的裁决者呢？

各民族大致由他们组成的国家来代表，国家则由领导自身的政府来代表。在这场战争里，隶属于国家的每一个体都能惊恐地发觉，国家在和平时代有时会强加在他们身上的事情，即它禁止个体的不法行为。国家这样做并非由于要废除不法行为，毋宁因为要让自己像垄断盐和烟草那样垄断不法行为罢了。交战国纵容一切不法行为和对个人的暴力行径。对待敌人，国家不但使用被公开允许的狡猾手段，而且有意识地采用谎言和欺诈，其恶劣程度似乎超过了以往的战争。国家要求其公民最大限度的服从，要求他们为国牺牲，但它也通过过度的自我伪装

---

[1] 指德意志民族。——中译者注

以及采取审查流通的消息和观点的做法，剥夺了公民的行动能力，使得那些在智识上受压制者的心灵，无力抗衡任何不利的处境以及混乱的谣言。国家摆脱了自己对他国义务的保证，撤销了同他国签订的契约，毫不掩饰地坦白自己的贪婪与权力欲，而公民个人应出于爱国主义赞成国家的这种行径。

人们不应反对，国家不放弃使用不法行为的权利，因为这样就会使国家处于不利地位。同样地，对个人而言，若遵从伦理准则、放弃使用野蛮的权力，那通常也很不利，而且国家很少会补偿个体在它的要求之下所做的牺牲。我们也不应惊讶于人类个体间的全部伦理关系之松动，将反过头来影响个体的德行，因为我们的良知 (Gewissen) 绝非伦理学家们宣称的坚强不屈的法官，毋宁从其起源上讲乃"社会性的恐惧"，而非什么别的东西。当共同体取消了对暴行的谴责，那么罪恶的欲望就不再被压制，人类就会去做种种残忍的、奸诈的、背叛的、暴虐的、其可能性同他们达到的文化水准不相容的行径。

因此我在前文谈到的那位文化世界里的公民，如今处在一个于他而言越来越陌生的世界里，全然不知所措。他的伟大祖国正分崩离析，公共财产正被践踏，他的同胞公民正蒙受分裂与羞辱！

关于战争的幻灭感之批判，可以先说几句。严格来讲，批判幻灭感是不恰当的，因为这样做意味着摧毁一种幻觉。我们需要幻觉，因为它助我们摆脱不快乐的感觉，取而代之的是享受满足的快感。紧接着，若幻觉同一部分现实发生冲突，导致它的破碎，我们也必须毫无怨言地接受这一点。

当前的战争里，有两个现象激起了我们的幻灭感：第一，国家对外行动缺少德行，对内却充当了伦理准则的守卫者；第二，个体行为的野蛮，照理说，他们乃人类最高文化的参与者，我们不会相信他们能做出残暴的事来。

让我们先考察第二种现象，先试着用些简洁的句子勾勒出我们要批评的观点。我们想问：一个人通过怎样的过程达至一个更高的德行水平？头一个回答是：他天生便善良和高贵。对此，我们无需进一步思考。第二个回答则会接受这样的建议，即这里必然存在着一种发展过程，这一回答将充分相信，发展意味着人类自身中的恶的倾向逐渐清除，并且在教养和文化环境的影响下，恶的倾向将被善的倾向取代。可随之，我们会惊讶于：在这些受到教养的人身上，恶再度活跃地显现出来。

但这个答案也包含了我们想要反驳的语句。事实上，根本不存在对恶的"根除"。相反，心理学的——更严格地意义上讲，是精神分析的——研究表明，人类最深层的本质在于驱力冲动，它是人类最基本的自然天性，同样地存在在每个人身上，追求着某些原始需要的满足。这些驱力冲动本身既非善，亦非恶。我们根据它们同人类共同体的需要和要求之间的关系，对它们以及它们的诸表现进行分类。必须要承认的是，一切被社会唾弃为恶的驱力冲动——我们可以举自私与残忍为代表——皆属于这类原始的驱力冲动。

这些驱力冲动经历了一段漫长的发展过程，才得以在成人身上表现出来。在此过程中，它们受到抑制，转向其他目标与领域，它们相互融合，变换着所指向的对象，并在一定程度上反作用于它们的所属人。针对这些驱力的种种反应形态伪装成驱力的内容发生了转变的样子，好像利己主义变成了利他主义，残忍变成了同情。这些反应形态得益于，某些驱力冲动几乎从一开始即以对立的形式出现，此乃一颇值得留意而又有别于通行认识的关系，我们称之为"情感之暧昧"（Gefühlsambivalenz）[1]。最容易观察到的且最好理解的事实是，浓烈的爱和强烈的恨常常在同一个人身上紧密交织。精神分析进一步地补充道，两种彼此对立的情感冲动以同一个人为对象的情形并不少见。

只有在克服了所有如此这般的"驱力命运"之后，我们所谓的"一个人的性格"才得浮现出来，而众所周知，以"善"或"恶"来给性格分类，是很不充分的做法。一个人很少完全是善的或恶的，他大多是在某个关系里是善的，在另一个关系则是恶的，或者在某些外在场合是善的，在其他场合里则确实是恶的。有意思的是，一个人在儿童时期受强烈的"恶"的冲动影响的前生存状态（Präexistenz），往往直接成为他成年阶段特别明显地转向"善"的条件。那些儿童时期最强势的利己主义者，能变成最乐于助人、最具牺牲精神的公民。绝大多数狂热的同情分子、人类之友、动物保护家，小时候都是小施虐狂和动物虐待者。

1　吉尔伯特（Stuart Gilbert）的英译本译作"情感的暧昧"（ambivalence of feeling）。——中译者注

"恶"的驱力的转化乃两种因素以相同的方式起作用的结果:一种是内在因素,另一种是外在因素。内在因素指恶的驱力,即我们说的自私驱力受到爱欲(Erotik),即最广泛意义上的爱的需要的影响。正是依靠着诸爱欲环节的混合,自私的驱力转向了社会性驱力。人学会估定被爱为一种利益,为之可以放弃其他的利益。外在因素则指教养的强制,它代表文化环境的种种要求,进而通过文化氛围的直接影响持续进展下去。文化的获得靠放弃驱力的满足,它要求每个新进入文化环境的人都做同样的放弃驱力之事。外在强制持续转化成内在强制,贯穿了一个人的一生。文化的影响导致自私的倾向因爱欲的增长越发转变为利他的、社会性倾向。我们最后还会发现,所有在人类发展过程,也即人类历史中起作用的内在强制,最初都只是外在强制。今天出生的人,身上具备一部分将利己驱力转向社会性驱力的倾向(或曰气质),后者属继承来的体质。只需一些轻微的刺激,转化过程就开启了。这种驱力转变的另一部分环节,必须在生活本身当中实现。如此一来,个人不仅受他所置身的当前文化氛围的影响,而且处在他的祖先们的文化史的影响下。

若我们将一个人在爱欲影响下转化其利己驱力的能力称为他的文化适应力[1]，那么我们可以说，它由两部分组成，一部分属天生即有，另一部分属后天生活获得。无论它们两者间的关系，还是这二者同驱力生活中未转变部分的关系，都极容易变化。

一般说来，我们倾向于过分看重驱力里的先天部分，此外，我们将整个文化适应力置于同原始的、未改变的驱力生活的关系中来看时，便会冒过高评价前者的风险，也就是说，我们倾向于认为人类比他们实际上要更"善"。因为还有另一个因素模糊了我们的判断，使我们错误地往正面方向下评判，歪曲了事实。

他人的驱力冲动当然超出了我们的感知范围。我们从其行动和举止推断其驱力冲动，将之追溯到其驱力生活的动机。在许多情形下，这样的推论必然会犯错误。同样的、文化上的"善"的行为，可能有时源于"高尚"的动机，有时却并非如此。伦理学理论家们唯独称那些表现了善的驱力冲动的行动为"善"的行动，其余的则予以否认。不过总体而言，

---

[1] 吉尔伯特的英译本译作"文化敏感性"(susceptibility to culture)。——中译者注

社会受实践意图指引，根本不关心上述区别。它仅仅满足于，人们的举止与行为遵循文化规章，而鲜问他们的动机为何。

我们听说，外在强制会对人的教育与环境施加影响，进一步引导驱力生活转向善、利己主义转向利他主义。但这并非外在强制的必然的、通常的效果。教育和环境不仅以爱作酬报，还运用其他类型的利益报酬，如奖赏与惩罚。因此它们的影响还有会有另外的表现，即受它们影响的人决定去做文化规定的善行，却并未实现自身驱力的高尚化，完成从利己倾向向社会性倾向的转变。粗略看来，不论驱力高尚化与否，结果都一样。唯有着眼于各种特殊的境况，方能看出：某人总做善事，是因为他的驱力倾向驱使他这么做；另一个人做善事，则因为在这个特定时候、特定地方做符合文化规则的行动，有利于他实现其自私的意图。但仅凭对个人的肤浅的了解，我们不足以分辨上述两种情形，而且肯定会受自己的乐观主义的诱惑，大大高估在文化上转变了的人的数量。

文化社会要求善行，却并不关心善行依据的驱力是什么，因而赢得了一大群不遵循自己的天性却顺从文化的人。社会在此成功经验的激励下，尽最大可能定高道德标准，迫使成员进一步地同他们的驱力秉性疏离。于是他们的驱力持续地受压抑，其紧张状况体现为一些最奇特的反应现象和补偿现象。社会的压抑在性领域最难贯彻，因而我们在此能看到种种作为神经官能症的反应现象。其他领域的文化压力虽产生不出什么病态后果，但它们会造成人类性格的畸形化，而被压抑的驱力持续准备着在适当的机会下冲破限制、满足自身。谁要不得不一直按照规章做反应，却总不能循其驱力倾向行动，那么从心理学的角度来讲，不管他是否清楚地认识到二者间的区别，他的生活都超出了他的能力掌控范围，客观上他可被称作伪善者。不可否认，我们今天的文化在很大程度上正助长着这种伪善。我们甚至可以大胆地断言，今天的文化就构筑在这种伪善的基础上，如果人类打算开始遵循心理学的真相来生活，那么必须开展深度的变革。因此在现实里，文化的伪善者要远远多于真正的文化人。没错，有一种观点值得大家讨论：是否一定量的文化伪善者对于保存文化是不可缺少的？因为生活在今天的人类的已组织起来的文化适应力可能不足以实现保存文化这一目标。另一方面，虽说保存文化，其根据并不稳当，但一幕前景仍依稀可见：每一代新人作为开拓更高级文化的担当者，总能持续地转化驱力。

从迄今为止的论述中，我们收获了一丝安慰，即无需为我们的全世界同胞公民在这场战争里做出种种非文化的行径感到屈辱和痛苦的幻灭。之所以萌生屈辱和幻灭感，是因为我们陷入到一种幻觉中。事实上，我们的全世界同胞公民既不像我们担忧的那样堕落，也根本不像我们信赖的那样高尚。人类群体、民族与国家放弃了加诸他们头上的彼此间的伦理限制，对于他们而言，这不啻一个可以理解的诱因，使他们暂时地从既有的文化压力中抽身而退，让受到抑制的驱力短暂地获得满足。这种状况也许并不会破坏民族内部相对的伦理生活。

不过我们能更深地理解战争对我们昔日同胞造成的改变，亦得到一个警醒，莫对他们抱有什么偏见。灵魂的发展具有其自身的特点，是其他种类的发展过程所不具备的。当一座村庄发展为城市，一个男孩长成为男人，那么村庄便消失在城市里，男孩便消失在男人里。唯有记忆才能将旧特征描绘进新画面。事实上，旧的材料或形式已经被革除，被新的材料或形式取代。可说到灵魂的发展时，情形就不同了。既然灵魂发展的实情无法与其他发展的情况比较，我们要描述它，只得断言：在灵魂的发展过程中，任何发展的早期阶段都与它演变出的后来阶段并存，并保留了下来。继替（Sukzession）与共存一道，尽管整个变化的序列相同的材料展开。早期的灵魂状态可能许多年都不会表露，却一直存在着，直到某一天能再度成为灵魂力的表现形式，而且是唯一的形式，从而展现出来，就好像一切后来的发展都被取消了，倒退到最初阶段。灵魂发展的这种非凡的可塑性在其自身的方向上并非是无限的，我们可以称之为一种特殊的退化的能力，或曰回归的能力，因为确实存在着后来的、更高的发展阶段被遗弃之后不能再度达到的情形。但原始状态总可以再次返回，原始的灵魂状态在其最完满的意义上是不会消逝的。

我们所谓的"精神疾病"必然会给外行人留下这样的印象：精神生活和灵魂生活遭受被毁灭的厄运。实际上，精神生活和灵魂生活的毁灭只涉及精神发展的后来阶段与形态。精神疾病的本质在于返回感情生活与感情功能的早期状态。要说明人类灵魂生活的可塑性，一个极好的例子就是我们每晚追求的睡眠状态。自从我们破译了疯狂与混乱的梦，就知道我们每次入睡时，都会像脱下衣服那样抛弃我们来之不易的伦理品性——只为了到第二天早晨再穿上它。像这样的摆脱，自然不会有什么危险，因为我们由于睡眠陷入了瘫痪与麻木的状态。唯有梦能揭示我们的情感生活回归到其发展过程的某一最早阶段。值得注意的是，我们所有的梦都被纯粹利己的动机支配着。我的一位英国朋友在一场于美国举办的科学会议上发表了这个观点，随后在场的一位女士答复他说，此观点可能适用于奥地利，但她要为自己以及她的朋友们辩解：即使在梦里，她们也是大公无私的。我的朋友尽管属于英国人种，但他基于自己的经验，有力地否定了这位女士的梦境分析，他指出：在梦里，高贵的美国女士同奥地利人一样自私。

因此，作为我们的文化适应力的基础的驱力转化，也可能因为生活的持续或短暂的影响而逆转。毫无疑问，战争的影响属于造成这种退化的力量之一，因此我们无需否认所有那些目前做出种种非文化行径之人的文化适应力，而应当期待他们的驱力在未来更平静的时刻，能再度实现升华。

但很可能我们的全世界同胞公民所患的另一种症状也令我们震惊、恐惧，其程度不亚于我们痛苦地感到他们从伦理的高峰堕入深渊。我的意思是，那些最优秀的头脑缺乏洞识力，他们顽固不化，无法获得最有力的论据，他们毫无批判力地轻信某些最具争议的主张。这显然展现出了一幅令人悲伤的画面。我想明确强调，我绝非盲从的党派追随者，不会将全部智识缺陷统统归于争论双方中的某一方。只是这个现象，要比我们之前讨论过的问题更容易解释、更少疑惑。人类认识者与哲学家们早已教导我们，我们错误地将自己的智识视作独立的力量，忽视了它其实依附于情感生活这一点。我们的智识唯有摆脱了强烈的情感冲动的影响，方能可靠地发挥作用。否则，智识就干脆表现得如同我们的意志上手使用的工具，传达意志交付给它的结果。因此逻辑论据无力对抗情感利益，争论所依据的理由即使如福斯塔夫（Falstaff）[1]所说，多如黑莓，可在利益的世界里怎么都结不出果实。精神分析的经验进一步强

---

[1] 福斯塔夫是莎士比亚戏剧《亨利四世》里的人物。——中译者注

化了这个论断。它天天都能向我们证明，最敏锐的人，一旦他所需的洞见力遭遇情感阻碍，那么他会突然变得像笨人那样行动，可若他克服这些阻碍，就会重新获得一切智慧。今天的战争固然总会令我们同胞公民中的最优秀者迷惑，使他们的逻辑陷于盲目，但这实乃一次级现象罢了，是情感冲动的一系列后果。我们完全可以希望，它能随战争的结束一道消失。

假如我们如此来重新理解已同我们疏远了的同胞公民，那么我们将更容易承受人类群体、民族带给我们的幻灭感，因为我们对他们只能提出远为温和的要求。他们或许重复了个体的发展进程，而今天呈现在我们眼前的还只是较高级个体的体质与教养的非常原始的阶段。与此相应地，对个体行之有效的外在强制性的伦理教育，还未有在他们身上实行的迹象。我们过去希望，由交往与生产构建的大型利益共同体含有这种强制的萌芽，但现实仅仅表明，各民族如今服从的是他们的激情而非利益。他们最多用利益来使激情理性化（rationalisieren）。他们托言自己的利益，不过为了能给他们激情的满足提供理由。为何各民族相互鄙视、仇恨、厌恶，而且就算在和平时代，每个国家也如此相互对待？这实在是个谜。我不知道该怎样回答。这种情形，就好像我们将大多数人，甚至数百万人聚集到一起，然后个体的所有伦理观念都消失了，只剩下最原始的、最古老的、最粗野的灵魂态度。也许只有后来的发展多少能改变此种悲惨的情形。但另一方面，若在对待人与人之间的关系以及人们与其统治者之间的关系上，能多一些真诚和正直，那将有助于铺展这条通往转变的道路。

(二)
我们对死亡的态度

我们曾经生活的这个美好且安宁的世界，如今却令我们感到诧异。导致这个状态的第二个因素，乃是我们迄今所坚持的对于死亡的态度已经破灭了。

这个态度其实并不真诚 (aufrichtiges)。如果人们聆听我们的诉说，我们当然会为自己的态度辩护道：死亡是一切生命的必然终结；每个人都欠大自然一个死亡，而且必定准备着弥补他的亏欠。一言以蔽之，死亡属天然的、不可否认的、不可避免的现象。但我们的日常言行好像并非遵循此信念。我们的言行表明了一个显而易见的倾向，那就是把死亡推到一边，把它从生活当中清除出去。我们曾试图对死亡保持缄默。我们甚至还有这样一句谚语："想到某事，有如想到死亡。"当然，这里想到的是自己的死亡。其实自己的死亡也是难以想象的。通常我们尝试想象死亡时，常常会发现，我们仍是旁观者。精神分析学派敢于宣称：从根本上说，没有人相信自己会死。或者换个说法：我们中的任何人在其无意识里都确信自己是不死的。

至于其他人的死，文化人都小心翼翼地避免谈及它的可能性，防止被注定走向死亡的人们听见。唯有孩子们无视这种限制，他们不怕以死亡的可能性威胁对方，甚至面对一位最亲的亲人，说出例如这样的话来："亲爱的妈妈，若你不幸死了，我将这样做或那样做。"成年了的文化人则不喜欢将他人的死挂在心头，不在他人面前表现得冷酷或恶毒。除非他从事医生、律师等职业，要同死亡打交道。若他人的死能带给他自由、财产以及地位上的好处，那他就最不惮于想象他人的死。自然地，我们柔软的感情阻止不了死亡的降临；每当死亡发生时，我们都会深受触动，乃至希望的大厦都垮塌了。我们通常强调的是死亡的偶然诱因，如事故、疾病、感染、衰老，这个习惯其实表露了，我们努力要将死亡从必然性降低为偶然性。死亡事件的频繁发生在我们看来是件非常可怕的事。我们对死者抱有一种很特别的态度，如同对一位完成了十分艰巨任务的人表示钦佩。我们不再批评死者，原谅他可能做出的任何不公正的行为，并下命令道："人死莫言过"（de mortu-is nil nisi bene）。此外，我们认为在死者葬礼的演说和死者墓碑上称颂他，是最有益的做法。其实死者不再需要生者的追思，可在我们看来，对死者的尊敬比对真相的尊敬还要宝贵，甚至高过了对大多数生者的尊敬。

若死亡发生在我们的某位亲近之人——如父母、配偶、兄弟、姐妹、孩子或亲爱的朋友——身上，我们会陷入彻底的崩溃，传统的对待死亡的文化态度由此得到充实。我们将自己的希望、愿景、欢乐随死者一道埋入坟墓，不让自己的心情得到慰藉，拒绝死者的地位被任何其他人取代。我们的行为如同阿斯拉人那般，当所爱的人死去，自己也要一起死去。[1]

　　但我们对死亡的态度深刻地影响了我们的生活。若生命游戏中的最高赌注，即生命本身不被允许冒险地投入，那么生活将变得贫乏，失去了乐趣。它变得像美式调情那样枯燥、没有内容，从一开始我们就很清楚，它这儿什么意外都不会产生。与之相反，在欧陆的恋情里，恋爱双方都必须时刻挂念着爱情最严肃的后果。我们的情感纽带，还有我们难以忍受的悲伤强度，都决定了我们不愿为自己以及与自己相关的人招致危险。我们不敢考虑去做一些虽然危险但实际上有必要去做的事情，如飞行试验、远征异国、爆炸实验。我们甚至无法想象，灾难降临后，谁能弥补母亲失去孩子、妻子失去丈夫、孩子失去父亲的损失呢？将死亡排除于生活考量之外的倾向，导致我们放弃和拒绝了很多东西。然而汉萨同盟的座右铭却与之背道而驰，其曰："远航乃必须，生命则不是！"（*Navigare necesse est, vivere non necesse!*）

1　弗洛伊德在此引用的是海涅的《阿斯拉人》（"Der Asra", 1846）一诗。——中译者注

因此我们除了在小说、文学与戏剧的世界里寻求对生命贫乏状态的补偿之外，别无他法。在那些地方，我们还能发现懂得如何去死的人，甚至成功杀死了别人的人。唯有在那儿，我们满足了能同死亡和解的条件，即遍历万事沧桑，我们依然保有不可侵犯的生命。悲夫！人生如同一盘棋赛，走错一步，满盘皆输，但与下棋不同的是，人生再无第二次复仇翻盘的机会。在小说里，我们找到了我们所渴望的多次生命，我们同自己认同的某位英雄一道死去，却能在他死去之后接着再过新的生命，准备好第二次毫发无伤地同另一位英雄一起去死。

显然，战争必然消除了这种传统的、对待死亡的方式。如今死亡不再容被否认；人类必须相信它。人真的死了，而且不再是一个人死了，而是许许多多、常常数以万计的人在某天同时死去。这也不再是巧合。当然，这颗子弹击中的是一个人还是另一个人，似乎完全是偶然的，但躲过第一颗子弹的人很容易被第二颗子弹击中。此种情形的累积，便终结了我们头脑里的死亡纯属偶然这一印象。于是乎，生命再次变得有趣，又获得了其全部的内容。

我们在此必须区分出两类群体：第一类群体是

那些在战争中献出了自己生命的人；第二类群体与前者有别，乃留在家里，等待着亲爱之人的消息的人，他们的亲爱之人可能因受伤、患病或感染失去了生命。去研究战士心理的变化，想必是件相当有趣的事情，不过我对此了解得不多。我们必须关注第二类群体，因为我们自己就属于这类人。我已说过，我认为我们现在正处于工作能力陷入混乱和瘫痪的困境，本质上是因为我们既无法维持迄今对于死亡的态度，又提不出一种新的态度。如果我们的心理学研究聚焦其他两种关于死亡的态度，那也许会给我们带来很大帮助：第一种应当归结为原始人，也即远古时代的人的态度；另一种则是我们中每个人都还具备的、然而隐藏于我们灵魂生命之更深处、却不为我们意识所得见的态度。

远古之人对于死亡是什么态度呢？对此，我们自然只能靠推论和构想来知晓，但我认为，这些手段给了我们相当可信的讯息。

原始人以非常奇特的方式适应死亡。他们的死亡态度根本就不是统一的，而是充满了矛盾。原始人一方面十分严肃地看待死亡，承认死亡乃生命的结束，并且在这个意义上对待死亡；可另一方面又否认死亡，将之贬低为无。这种矛盾之所以可能，是因为原始人对待他人、陌生人以及敌人的死亡，采取了一种同对待自己的死亡截然不同的态度。他人之死在他看来完全正当，于他而言，这意味着他所憎恨之人的毁灭。原始人毫不犹豫地杀死他人。他显然是个充满激情的生命，比其他动物还要残忍、恶毒。他喜欢杀人，并且视之为理所当然。其他动物群体里存在着抑制自相杀戮、自相残食的本能，可我们在野蛮人身上是看不到的。

人类的原初历史里充盈着杀戮。即使到了今天，我们的孩子在学校里学到的世界历史，本质上就是一系列民族间残杀的历史。自原始时代以来，人类就一直承受着黑暗的罪感，它在某些宗教里被概括为原始罪责（Urschuld），即原罪，这很可能就是原始时代的人类犯下的血腥罪恶的一种体现。我在我的《图腾与禁忌》（1913 年）一书里，按照罗伯逊·史密斯[1]、艾金森[2]以及查尔斯·达尔文提供的线索，希

---

[1] 威廉·罗伯逊·史密斯（William Robertson Smith, 1846—1894）：苏格兰东方学家、《旧约》学者、神学教授、自由教会大臣。代表作有《闪米特人的宗教》(*Religion of the Semites*, 1889) 等。——中译者注

[2] 威廉·沃克·艾金森（William Walker Atkinson, 1862—1932）：美国律师、商人、出版商、心理学家，美国新思想运动的领袖。——中译者注

望猜想这种古老罪行的本质，此外我认为根据流传至今的基督教学说，仍可得出这样的结论。如果说上帝的儿子必须牺牲自己的生命，才能将人从原罪当中拯救出来，那么根据以牙还牙、以血换血的报复原则，这种原罪一定是杀戮、谋杀之罪。唯有如此，才需要通过牺牲生命来赎罪。如果原罪是对天父犯下的过错，那么人类最古老的罪行一定是弑父之罪，即杀害人类原始部落的祖先。祖先在人类后世的记忆图像里被美化为神。[1]

原始人和今天我们每个人都一样，必定不会去想象自己的死亡，不会把自己的死亡视作一件真实的事情。然而在他身上出现了一种情形，即对死亡的两个彼此对立的态度相互碰撞、冲突。它的意义十分重大，且产生了深远的影响。每当原始人看到他的一位亲属——他的妻子、孩子、朋友，他们皆原始人的所爱之人，就像我们有我们所爱的人——死去，这种情形就会发生，因为爱并不比杀戮的欲望年轻得多。面对亲人的死去，原始人肯定陷入了悲伤，他体验到自己也终将死去，而他的全部生命都曾在

[1] 参见《在儿童时期复归的图腾崇拜》(《图腾与禁忌》的最后一章)。——作者原注

抗拒着向死亡让步，毕竟每个他所爱的人都是他所爱的自己的组成部分。但另一方面，所爱之人的死亡对他而言又是正当的，因为他在他们每个人身上亦强烈地感觉到一种陌生。"情感之暧昧"的法则，今日仍支配着我们同我们最爱之人的情感联系，而它在原始时代显然更不受节制地起作用。因此原始人所爱的死者也是陌生人和敌人，他们唤起了他心中的一部分敌意。[1]

哲学家们坚称：死者的形象带给原始人智识的谜团，迫使他们回过头去思考，于是人类的思辨萌芽了。我相信哲学家们想得过于——哲学化，很少考虑到最初的有效动机。因而我想对哲学家的说法做些限制和更正：原始人成功杀死了敌人，在死者的尸体前，根本就不会有什么刺激，使得原始人绞尽脑汁地思考生死之谜。并非什么智识的谜团，或者任何死亡的情形，而是面对着又爱、又陌生、又恨的死者时生发的情感冲突，促使人类研究生死。心理学恰恰首先诞生于这种情感的冲突。人类不再能让自己远离死亡，因为他从面对死者时的痛苦当中品尝

---

[1]　参见《禁忌与暧昧》(《图腾与禁忌》的第二章)。——作者原注

到了死亡的滋味,但他不愿意承认死亡,因为他不能想象自己的死。故而他想出了妥协之法:认可死亡的事实,却否认生命的毁灭有任何意义。面对敌人的死亡,他没有任何思考其意义的动机。在所爱之人的尸体前,他发明出"亡灵",他的因满足而起的罪责意识同悲哀的情感混合到了一起,导致这些最初创造出的亡灵变成人类必定恐惧的恶灵。死亡观念的变化对他而言意味着个体分离成一个身体与一具——最初是许多具——灵魂。这样一来,他的思维过程便同死亡引起的分解过程并行了。对死者的持续的记忆成为接受其他生存形式的基础,使他萌生了表面上的死亡之后生命持存的观念。

这种死后依然活着的观念,最初仅仅依附于为死亡所终结的生命观念。它模糊不清、内容空洞,直到晚些时代,才受到人类的一丁点重视。不过它仍然带有信息贫乏这一特征。对此,我们还记得阿喀琉斯的灵魂是怎样答复奥德修斯的:

（奥德修斯对阿喀琉斯的灵魂说:）

你生时我们阿尔戈斯人敬你如神明,

现在你在这里又威武地统治着众亡灵,

阿喀琉斯啊，你纵然辞世也不应该伤心。

我这样说完，他立即回答，对我这样说：

（阿喀琉斯的灵魂对奥德修斯说：）

光辉的奥德修斯，请不要安慰我亡故。

我宁愿为他人耕种田地，被雇受役使，

纵然他无祖传地产，家财微薄度日难，

也不想统治即使所有故去者的亡灵。

（《奥德赛》，第十一卷，第 484—491 行）[1]

或者见于海因里希·海涅的充满力量以及苦涩嘲讽的诗句：

即使在内卡河畔的斯图加特

活着的最卑微的市侩

也比我，佩琉斯的儿子，

死去的英雄幸运得多，

比冥界的幽灵王子幸运得多。[2]

---

1 这里引用了王焕生先生的翻译。参见荷马：《荷马史诗·奥德赛》，王焕生译，人民文学出版社，2003 年，第 212—213 页。——中译者注
2 出自海涅的《正在死去的人》（"Der Scheidende", 1853）一诗。——中译者注

直到再后来，各个宗教才将死后的生存状态视作更有价值的且完全有效的生命，同时将死亡所终结的生命贬低成纯粹为死后生存所做的准备。于是人类将生命延长至过去，发明出"生前存在""灵魂转世"以及"重生"等观念，乃顺理成章之事了。他们所有的这些发明，都是为了剥夺死亡作为生命终结的意义。所以否定死亡这一传统文化现象，在人类早期阶段就已出现了。

面对所爱之人的尸体，人类不仅产生出了灵魂学说、永生信仰以及一种根深蒂固的罪责意识，还有第一条伦理禁令。觉醒的良知的第一条同时是最重要的禁令是：你不可杀人。它是对隐藏在悲悼之后的仇恨满足感所做的反应，并且将逐渐扩展到适用于不被爱的陌生人，最终还有敌人。

不过文化人不再能感知到最后一点[1]。当这场战争的野蛮搏斗结束后，每个胜利的战士都快乐地回到自己家，同他的妻子和孩子相聚，绝不会因为想到敌人而延迟自己的回归，而心绪不宁，可他的确曾通过肉搏战或用远距离射程的武器杀死过敌人。值得

1　指不杀死敌人。——中译者注

注意的是，至今仍生活在地球上且明显比我们更接近原始人的各原始民族，在这点上的表现与我们不同，或者说，只要他们还未曾受到我们文化的影响，就会和我们做得不同。野蛮人——澳大利亚人、布须曼人[1]、火地人[2]——绝不是不知悔改的杀人者。当他们从战场凯旋，并不会进入他们的村庄，和他们的妻子接触，直到他通过常常旷日持久、艰辛万分的自我惩罚，赎去自己在战争中犯下的杀人罪行。当然，我们很容易就能由他们的迷信得出解释：野蛮人仍然害怕他们所杀死之人的亡灵来复仇。然而所谓被杀死的敌人的亡灵，不过是杀人者因犯下的血债而良知不安的表现，在此迷信背后隐藏着一种精微的伦理感觉，这我们这些文化人已经失去了。[3]

虔诚的灵魂希望确证，我们的生命同邪恶与卑鄙相去甚远，他们肯定不会放弃诉诸人类早期的谋杀禁令及其发挥的有力效果，以得出令自己满意的结论，即伦理冲动的强力必然深植于我们心中。遗

1　布须曼人是非洲的一个原住民族，生活于南非、博茨瓦纳、纳米比亚与安哥拉等地。——中译者注

2　火地人指南美洲南端火地岛及其邻近小岛上的印第安人。——中译者注

3　参见《图腾与禁忌》。——作者原注

憾的是，这种论据只能证明相反的结论。一种如此强有力的禁令只能用来反对一种同等有力的冲动。对于人类灵魂不渴求的事物，根本无需禁止，[1]它们自己就会排除在禁令之外。强调"你不应杀人"的律令本身就使我们确信：我们是杀人者的后裔，并且处在无限长的杀人者世系当中。杀人者的血液里流淌着谋杀的欲望，可能我们自己也没什么两样。人类的诸伦理追求乃人类历史的产物，我们无需挑剔它们的强度与重要性。今天的人类从前人那里继承了它们，不过很可惜，继承的程度在不断变化着。

现在，让我们离开原始人吧，转向我们自己的灵魂生活中的无意识。我们现在完全以精神分析的研究方法为基础。事实上，精神分析是唯一能探入无意识深层的方法。我们要问：我们的无意识如何对待死亡问题？答案肯定是：它几乎完全同原始人对待死亡问题的态度一样。在这一方面还有其他一些方面上，史前时代的人类一成不变地继续活在我们的无意识里。因此我们的无意识绝不相信自己会死亡，它有如不朽者一般地行动。所谓我们的"无意

1　参见弗雷泽(指英国人类学家，《金枝》作者詹姆斯·乔治·弗雷泽——中译者注)提出的补充性论据(弗洛伊德《图腾与禁忌》)。——作者原注

识"乃由驱力冲动组成，是我们的灵魂的最深层次，它根本不知否定为何物，不知否定性以及对立面在它之中的统一[1]，因此也就不知自己的死亡，因为我们能赋予"死"的只有否定的内容。我们身上没有任何一种驱力会反对死亡信仰。也许这就是英雄气概的奥秘所在吧。英雄气概的合理性基础，在于一个人判断自己的生命并不像某些抽象的、普遍的财富那样有价值。但我认为，更通常的情形是，一个人出于本能与冲动的英雄气概，并不会考虑上述动机，而仅仅是像安岑格鲁贝[2]笔下的碎石工汉斯所允诺的"别去管危险，它不会发生在你身上"那样去做而已。或者说，上述动机只是扫除了他的一些疑虑，不致阻碍他去做符合无意识的英雄行径。相反，我们通常自知的为死亡恐惧所支配的状态，只是一种次级现象，大多数时候源于罪责意识。

另一方面，我们认可把死亡加诸陌生人与敌人身上，并会像原始人那样毫不犹豫、随时准备杀死他

---

1 指黑格尔的辩证法。——中译者注

2 路德维希·安岑格鲁贝 (Ludwig Anzengruber, 1839–1899)：奥地利戏剧家、小说家。创作多取材于维也纳小市民和阿尔卑斯山农民生活。碎石工汉斯是他的小说《碎石工汉斯的童话》(*Die Märchen des Stein-klopferhanns*, 1872) 里的人物。——中译者注

们。当然，这里存在着一个在现实里具有决定性意义的区别。我们的无意识并不实施杀戮，它仅仅在想、在欲求杀戮而已。但如果我们比较心理的实在与事实的实在时，完全低估了前者，那么就犯了错。心理的实在非常重要且影响很大。无意识的冲动每时每刻都驱使我们消灭一切阻拦着我们、冒犯和损害着我们的人。我们气恼的时候，常常戏谑地脱口而出"让魔鬼抓走他吧"，其实我们真正想说的是"让他去死吧"，这才是我们无意识里严肃而有力的死亡愿望。没错，我们的无意识还为些鸡毛蒜皮的小事杀人。它就像古代雅典的德拉古法典[1]那样，除了处死，不知道对罪犯实行其他的惩罚。它们两者间存在着明确的一致性，因为任何对我们的无所不能的、专制独裁的自我的伤害，都在根本上是一"冒犯君主罪"（*crimen laesae majestatis*）。

因此，若根据我们的无意识的愿望冲动来评判的话，无异于原始人，我们乃是一群杀人犯。幸运的是，所有这类愿望并不具有原始时代的人们相信其

1　德拉古法典是公元前7世纪古希腊雅典政治家德拉古颁布的一套法典，被认为是古希腊历史上最早的成文法典之一，这个法典以其严格和残酷的法律规定而闻名。——中译者注

所具有的力量。[1]否则在相互诅咒的交火中，人类早就灭亡了，无论最优秀、最智慧的男性，还是最美丽、最妩媚的女性，都逃不过此结局。

正因为精神分析提出了这类主张，它通常不为大多数外行人信赖。它与意识确证的内容背道而驰，故人们驳斥它为诽谤，拒绝接受它，并且熟练地忽略掉一些细微的征象，而无意识往往正通过这些征象向意识泄露了自己。因此我们有必要在此指出：许多并未受精神分析影响的思想家，已经明确谴责了我们隐秘的思想倾向于做的事情，即通过无视谋杀禁令，排除我们前进的阻碍。对此，我从众多例子中选出了一个著名的例子加以说明：

巴尔扎克在《高老头》提及让－雅克·卢梭的作品里的一段话，在其中，作者问读者：假如杀死北京的一位老官员能给自己带来巨大的利益，而且他能在不离开巴黎的前提下，仅凭意志就能把这件事办成且不被发现，那么他会怎么干呢？作者的意思很明显了，他相信这位达官贵人的性命必定不保。"杀死他的满大人"（*Tuer son mandarin*）于是成了一句

1　参见《图腾与禁忌》里的论"思想的万能"。——中译者注

揭示人类隐秘内心的谚语，即便对今人也是适用的。

此外，还有许多类似的玩世不恭的笑话与轶事，同样证明了上述事实。例如书里的某位丈夫说的："如果我们俩中的某个人死了，我会迁居到巴黎。"如果像这类玩世不恭的笑话不是要传达出一种被否认的真相的话，那它们就不可能被说出来。要是一个人认真地、露骨地说出它们，他应当是不会承认的。我们知道，玩笑里甚至包含了真相。

正像在原始人那里出现的情形，在我们的无意识里存在着两种截然相反的对死亡的态度：一种是承认死亡是对生命的消灭；另一种则否认死亡，认为它是不真实的。两者相互碰撞、彼此冲突。这种情形同原始时代一样，我们所爱之人，父母、配偶、兄弟姐妹、孩子或亲爱的朋友，都面临死亡或死亡的危险。他们一方面是我们内在的财产，是我们的自我的组成部分，另一方面却部分地是陌生人，甚至是敌人。除了极少数的例外，我们同所爱之人的关系里最柔软、最亲密的部分都附带着一部分敌意，而敌意会激发起无意识的死亡欲望。然而从这种暧昧的冲突中，并不能像过去那样产生出什么灵魂学说和伦理学，毋宁产生出了神经症 (Neurose)，对神经症的研究也让我们深入地认识了灵魂生活。从事精神分析的医师经常观察到他们病人的一些症状，如过度关心自己的亲人，或者在某位所爱之人去世后，完全陷入毫无理由的自我责备中。研究这些案例，使得精神分析师们无疑了解了无意识的死亡愿望的广度与意义。

面对这种情感可能性，外行人感到异常恐惧，他们否认自己有这种情感，以此作为正当理由，不相信精神分析的主张。我认为这完全是误解。精神分析绝对无意于贬低我们的爱的生活，而且它事实上也没贬低爱的生活。将爱与恨以这样的方式结合起来，无论对于我们的知性还是感觉来说，都是颇为陌生之举，但大自然利用了这一对立双方，成功地让爱保持着清醒和新鲜的状态，并确保爱克服隐匿于身后的持存的恨。应该说，我们的爱的生活的最美好的展开，归功于我们对自身胸中感受到的敌意冲动的反应。

现在让我们总结一下：我们的无意识正如原始时代的人类那样，不接受自己会死亡的观念，同时对陌生人怀揣谋杀的欲望，对所爱之人充满矛盾的感情。但我们对于死亡的传统的、文化的态度，已经离这种原始状态很远了!

　　不难理解,战争如何导致了无意识的分裂。它剥夺了我们后来的文化积淀,让原始人再现于我们身上。它再次迫使我们成为不相信自己会死亡的英雄。它将陌生人标示为我们应当希望或果真杀死的敌人。它建议我们要从所爱之人的尸身旁站立起来。但战争无法消除。只要各民族的生存条件如此地不同,并且各民族间如此剧烈地排斥,那么战争必然存在。于是一系列问题产生了:我们不应该顺从战争并且适应它吗?我们不是应当承认,以我们对死亡的文化态度,我们在心理学上再次超出了我们的现状,而更应转过身去、了解真相吗?在现实里和我们的思想里,给死亡以它所应有的位置,并且稍微突出我们迄今一直压抑着的对于死亡的无意识的态度,不是更好吗?这似乎并非什么很高的成就,毋宁说,它从某些方面来讲是退步、是回归。不过它的好处在于,我们更多地考虑真实性,并且让我们的生命再次变得可以忍受。毕竟忍耐生命乃是所有生物的第一义务。如果幻觉干扰了我们,它们就变得毫无价值。

我们想起了古老的箴言:"汝欲和平,必先备战"(*Si vis pacem, para bellum*)[1]。

是时候把它改成下面一句话了:"汝欲维生,必先赴死"(*Si vis vitam, para mortem*)。

---

[1] 出自拉丁作家普布利乌斯·弗莱维厄斯·维盖提乌斯·雷纳特斯 (Publius Flavius Vegetius Renatus) 的《论军事》(*De re militari*)。——中译者注

因何而战？

——爱因斯坦与弗洛伊德的通信

附：爱因斯坦的来信

卡普斯，波茨坦，1932年7月30日

亲爱的弗洛伊德先生！

我很有幸，接受国际联盟及其设立于巴黎的国际知识分子合作协会[1]的倡议，由我自由选定一人，同他就我所自由选择的一个议题交流彼此的看法。这使我获得了一个独特的机会，同您探讨在目前情形下我认为关系到文明进程的最重要的问题，即：是否有一条使人类从战争的厄运中解脱出来的途径？人们普遍认识到了：随着技术的进步，它已成为一个对文明人而言的生存问题（Existenzfrage），可迄今为止，为解决这个问题所做的一切饱含热情的努力皆令人震惊地归于失败了。

我相信，即使那些在其实践行为和职业活动中

---

[1]　国际知识分子合作协会（Internationales Institut für geistige Zusammenarbeit）成立于1922年，隶属于国际联盟，旨在促进各国知识界的交流。1926年，协会在巴黎正式建立，一直维持到1946年。该协会被视作联合国教科文组织的前身。——中译者注

同这个问题打交道的人，也会确实地感到无力，进而他们强烈渴望请教把握了这个问题的行家，后者通过日常的科学研究，对于生活里所有问题的解决，都施加了深远的影响。就我自己说来，仅仅循着自身惯常的思维方向，无法洞悉人类深层的意愿与感受，因此我在此试图与您交流思想，除了抛出问题并且预先提出一些多属于外部的解决尝试、继而把发言的机会交给您，请您从您关于人类驱力生活的深入理解出发来阐明这个问题，就不再能多做什么事情了。我相信您能指明一条教育之路，能通过一定程度上非政治的方式清除心理学上的障碍。那些没有受过心理学训练的人虽说可能预感到了这些障碍，却无法判断它们间的关联与可改变性。

因为我自己是一个摆脱了国族情绪干扰的人，所以在我看来，着眼上述问题的外部解决方案，即建立组织，似乎很容易：各国创建一个立法和司法机构，化解它们之间出现的所有冲突。它们承诺遵守由该立法机构制定的法律；遭遇一切争端，都要向法庭上诉，并无条件地服从法院的裁决，同样还须执行法庭认为的为实现其裁断所必须要做的全部措施。就在这里，我遇着了第一个难题：法院是一个人为建立的机构，它可支配的贯彻其裁决的力量越小，它的裁决就越会受到法律之外的各种因素的影响。此乃一个人类必须考虑的事实：法律（Recht）与权力（Macht）不可分离地结合在一起，共同体越能调动其权力手段，迫使成员尊重它的正义理想，法律机构的判决就越能接近此正义理想，越能据此理想的名义与利益来行使法律。但目前，我们还远没有一个超越国家的组织，可以赋予其法院无可争议的权威，并且能够强制人们认识到要绝对服从该法院执行的裁决。故而我不得不要指出的头一个发现是：通往国际安全的道路，需要各国无条件地放弃它们的一部分行动自由，也就是放弃一部分主权；除此之外，无疑不存在其他通往国际安全的路径。

看看近几十年，人类为实现这一目标所付出的真诚的努力，显然都失败了，这使得所有的人都清楚地感觉到：是种种强大的心理力量在起作用，令这些努力都陷入瘫痪。其中的一些心理力量已经暴露出来了。一个国家里统治阶层的权力欲，反对任何对他们主权的限制。而这种"政治的权力欲"常常是由另一阶层的、体现在物质与经济领域的权力欲滋养出来的。对此，我首先想到的是，在每个民族的内部，都存在着一群少数的，却又对民族命运起到决定性作用的人，他们丝毫不关心社会的种种问题、不在乎社会的各种限制，对他们来说，发动战争、制造武器和商业贸易，无非获取个人利益、扩大个人权力范围的机会而已。

但揭示这个简单的发现，仅仅是认识复杂事态的第一步。一个新问题随之立即出现了：这批所谓的少数人怎么可能让人民中的大多数人为他们的欲望服务呢？毕竟大多数人在战争里只遭受到痛苦与损失。（当我谈及人民中的大多数人时，我并没排除各个等级的士兵，他们以战争为职业，信仰捍卫人民的最高利益乃自己的职责，也信仰在某些时候，攻击便是最好的防卫。）在此，我们似乎可以给出一个直接的答复：统治阶层里的少数人总是首先掌握了学校、出版机构，而且大多控制了宗教组织。他们靠这些手段支配并引导着广大人民的情感，将人民打造成他们的无意志的工具。

不过如此回答也无法完整解释全体事态，因为又一问题产生了：通过这些手段煽动群众，令他们疯狂甚至牺牲自己，这是如何可能的呢？答案只有一个，那便是在人性里存在着一种仇恨与毁灭欲。

此天性平时潜伏着，唯有到了异常时刻才爆发出来。但它很容易[1]被唤起，并发展成为集体精神病。这似乎是导致全部灾难性后果的最重要的原因。而在此，只有深谙人类驱力的伟大思想家才能照亮幽冥。

这就引出了最后一个问题：是否存在着一种引导人类心理发展的可能，使他们产生更强的力量来抵抗仇恨和毁灭的精神病？我当下想到的并非只有所谓的没受过教育的人。根据我的经验，反倒那些所谓的"知识分子"最容易受到致命的大众情绪的影响，因为他们通常并非直接从亲身经历汲取，而是靠阅读印刷制品，最便捷、最完整地掌握信息。

最后，还有一点我要说明：到现在为止，我谈到的仅仅是国家间的战争，即所谓的国际冲突。我意识到，人类的攻击性还表现为其他形式，并且在其他的条件下发挥作用（如内战——过去由于宗教原因而起，今天由于社会原因而起；如迫害少数族裔）。但我特意强调了最具代表性的、最险恶的形式[2]，因为它乃人类诸共同体间最无法节制的冲突形式，也

1　1933年版原词为"相对容易"（verhältnismäßig leicht），1996年版无"相对"这个表述，中译本采纳1996年版。——中译者注

2　指国际冲突。——中译者注

因为这样一来，我们就最有可能找到避免军事冲突的方法。

我知道，您曾在您的著作里部分直接地、部分间接地回答了所有同我们感兴趣、并且感到要迫切解决的议题相关的问题。然而如果您在您最近的研究的启发下，解决世界和平的难题，那将提供给我们巨大的帮助，因为这样的阐述能够结出丰硕成果。

向您致以最友好的问候

您的

阿尔伯特·爱因斯坦

弗洛伊德的回信

维也纳，1932 年 9 月

亲爱的爱因斯坦先生！

当我听闻，您有意邀请我就您感兴趣的、且在您看来值得其他人萌生兴趣的某一议题展开思想交流时，我欣然接受了。我本来是期待，您会在人类当今已掌握的知识范围内，选择一个处在学科交界地带的问题，这样一来，我们中的每个人——无论是物理学家还是心理学家——都能循着自己的独特道路行进，却又能立足于同一大地，从不同的方向汇聚到一起。可您的提问令我惶恐，您问道：我们能做什么，方可使人类摆脱战争的厄运？起初我震惊于我感到自己——我差一点就说成了"我们"——对此无能为力，因为它在我看来乃是一个有待政治家去解决的实践问题。但随后我领会到了，您并非以自然科学家和物理学家的身份提出这个问题，而是作为一名接受了国际联盟倡议的人类之友来询问我。您的行为，就像极地探险家弗里乔夫·南森[1]主动帮助在世界大战中忍饥挨饿和无家可归的难民们。我还意识到，我无需提出一些实践上的建议，而只需从心理学的角度讨论战争如何避免的问题。

但关于这个问题，您在来信里已谈及大部分内容。可以说，您的讲述几乎把我能说的都说完了。不过我很乐意追随您的航迹继续前行，满足于用我的全部知识或者说猜想来扩展您讲述的内容，以此证实您所说的一切。

您从法律与权力之间的关系入手。这当然是我们研究的正确出发点。我是否把"权力"这个词置换成"暴力"（Gewalt）这个更刺眼、更冷酷的字眼呢？在今天的我们看来，法律与权力彼此对立。我们很容易便能证明，两者中的一方如何从另一方发展而来；如果我们追溯它们的起源，检视两者的关系最早是如何发生的，那么不用花费什么力气，便能找出解决问题的方法。不过若我在接下来的行文

---

[1] 弗里乔夫·南森（Fridtjof Nansen, 1861—1930）：挪威探险家、科学家、外交家，凭1888年跋涉格陵兰冰盖以及1893—1896年乘"弗雷姆"号横跨北冰洋的航行，在科学界扬名。国际联盟成立后，南森积极参与国联事务，尤其是援助国际难民。1922年，他获得了诺贝尔和平奖。——中译者注

中，将众所周知且大家普遍认同的内容讲述成了新东西，那还是请您原谅吧，因为是论题的整体关联迫使我这么做的。

人类间的利益冲突从原则上决定了他们对暴力的使用。整个动物王国皆是如此，人类不应将自己从动物王国排除出来。更有甚者，人类间还存在着意见冲突，它会升级到最高的抽象程度，要解决意见冲突，似乎需要另一种判定技术。但这是后来发展出的复杂情况。最初，在一个个小型的人类部落里，谁有更强大的肌肉力，谁就能决定东西归何人拥有，或者何人的意志应当被遵行。人类肌肉力在增强，很快就被工具的使用所取代。谁的武器更优良，或谁更熟练地使用武器，谁就能胜利。随着武器的引入，精神的优势开始占据野蛮的肌肉力曾据有的地位。可战争的最终目标还是一样的，战争里的一方因其遭受的损伤及其力量的瘫痪，被迫放弃他的权利或异议。当一方的暴力永久地消除，也即杀死了他的对立方，战争的目的也就最彻底地实现了。清除敌人有两个好处：第一，他不必再次同他的对手较量了；第二，他对手的命运会吓退其他的效仿者。此外，杀死敌人还将满足我接下来将提及的一种驱力倾向。杀戮的意图可能被另一种考虑所抵销，即保全对方的生命，通过恐吓他，令他为自己提供有益的服务。于是暴力就满足于制服对方，而非杀死对方。此乃宽恕敌人的开端，但从现在开始，战胜方必须面对被战胜方潜在的复仇欲，并放弃自己的一部分安全。

这便是原初状态，也即由更强大的权力——无论此权力指野蛮的暴力，还是依托于智识的暴力——统治的状态。我们知道，此制度在发展的进程中已发生了变化，有条道路从暴力通向了法律，但这是怎样的路呢？我想只有一条路，它的进程建立在以下事实的基础上：许多弱小者结合起来同一个强者竞争。"团结就是力量。"(*L'union fait la force.*) 暴力因团结而被战胜，团结者们的权力如今展现为同个人的权力相对立的法律。我们看到，法律乃一个共同体的权力。它仍然是暴力，随时准备用来抵抗反对共同体的任何个体，它和暴力使用同样的手段、追逐同样的目的。区别实际上只在于：它不再是一个贯彻自己意图的个体的权力，而是共同体的权力。但为了实现从暴力向新法律的转变，必须满足一个心理学的条件。多数人的联合必须稳固而持久，若只是为了打败一个强者，在取得胜利以后便解散，那么它将一无所得。继那位被打败的强者之后的又一自以为更强的人，将再次谋求暴力的统治权，于是这样的游戏将无限重演。共同体必须维持永久的存在，要组织起来，制定防范可怕暴乱的规章，建立一批机关，以监督规章或法律的遵守情况，确保合法的暴力行为的执行。像这样的利益共同体要得到承认[1]，团结起来的群体成员间便须建立起情感联结，也就是说，共同体情感乃团体力量的源泉。

到此，我想我已经道出全部的主要内容：克服暴力，就要把权力交托给一个比个体更大的统一体，它靠其成员间的情感纽带保证自身的团结。我接下来的阐发，其实无非是对此的论述和重复。只要共同体仅由一定数量的、具有同等力量的个体组成，那么他们的关系就非常简单。该统一体的法律进而决定，为了确保安全的共存，个体在多大程度上必须放弃自己使用暴力的自由。但像这样的安宁状态只可在理论上想象，实际上，事实情形很复杂，因为从一

---

1 1933年版的表述是"在这种承认中"(in der Anerkennung)。1996年版则是"为了这种承认"(für der Anerkennung)。中译本采纳1996年版的表述。——中译者注

开始，共同体就由力量不等的元素组成：男人和女人，父母和孩子，以及由战争和征服产生的战胜者与战败者，他们分别变为主人与奴隶。因而共同体的法律成了共同体内部诸不平等的权力关系的体现。法律由统治者制定，它的制定也是为着统治者的利益，故不会留给被征服者多少权利。从那时起，在共同体里，无论法律的动乱还是法律完善，都存在着两方面的根源。一方面，主人群体里的一些人想要凌驾于对所有人都有约束力的限制之上，因而寻求从法律统治返回暴力统治；另一方面，被压迫者不断设法谋取更多的权力，并使权力的变更获得法律的承认，进而让不平等的法律转变为对所有人都平等的法律。如果共同体内部真正实现了权力关系的更迭，诚如许多历史因素致使这一结果发生的那样，那第二种倾向就变得格外重要了。如此一来，法律才能渐渐适应新的权力关系，或者更常见的情形是，统治阶级并不准备考虑现实发生了的权力变化，故而暴乱、内战随之而起，致使法律暂时被废除，新的暴力被投入考验，最后，一套新的法律秩序被建立起来了。法律变革还有另一种根源，只以和平的方式开展，它便是发生在共同体成员间的文化转型，至于它的情形如何，留待我们后文考察。

因此我们看到，即便在一个共同体内部亦避免不了用暴力解决利益冲突。但因共同体成员生活在同一块土地上、过着共同的生活，此必然性与共同性有利于迅速地化解争端，而且在此条件下，和平解决冲突的可能性也在稳步增长。可纵览人类历史，我们会看到：在一个共同体同另一个或更多其他的共同体之间，在大小不一的单位、城区、乡村、部族、民族、王国之间，不断地发生着冲突，它们几乎总靠武力来解决。这类战争要么以掠夺告终，要么以完全或部分的征服告终。我们不可能一概地评判征服性战争。比如蒙古人和土耳其人的征服只带来灾难，其他民族的征服则与之相反，它们通过建立更大的统一体，在新统一体内部禁止暴力的使用，并用一套新的法律秩序调解冲突，促成暴力向法律的转变。所以罗马人的征服给地中海诸国带来了珍贵的"罗马和平"（pax romana）。法兰西诸王的扩张欲望创造了一个和平统一、繁荣昌盛的法国。这听起来颇吊诡，但我们必须承认，战争或许不失为一个创建人类渴求的"永久"和平的适宜手段，因为它能促成那些大型统一体的建立，在它们之内，一个强大的中央垄断着暴力，确保战争今后不再发生。可这种情形也不中用，因为征服的胜利一般不能持久，新创建的统一体会再度瓦解，这大多由于靠暴力联合起来的各部分缺少凝聚力。此外，迄今为止，人类的征服尽管领域广大，但只实现了各局部的统一，而且它们的冲突最终皆靠暴力解决。故而所有这些战争努力的结果，不过是用数不胜数的、甚至持续不断的小规模战争，换得颇为罕见、却极具毁灭性的大规模战争。

回过头来看看我们当前，肯定能得出相同的结论，不过您是走了更短的道路到此的。人类唯有建立一个垄断暴力的中央机构，赋予它裁决所有利益冲突的权力，方能保障安全、防止战争。显然，在此要同时满足两个要求：一者，建立一个像这样的高等的权威机构；二者，它被赋予必要的权力。仅满足一个要求，着实无用。我们如今正是将国际联盟视作这样的机构，然而另一个条件尚未实现。国际联盟还没有自己的权力，只有当这个新统一体的成员，即各独立国家将权力转让给它时，它才能获得自己的权力。然而目前看来，前景渺茫。如果人们认识不到，建立国际联盟的尝试乃人类历史上不常见的——可能就其规模而言是绝无仅有的——勇敢之举，那么他们对这一创制压根就毫无理解。建立国际联盟的尝试，意在通过诉诸某些特定的理想态度获得权威——即强制影响力，在此之前，拥有权威靠的是占有权力。我们听说，团结一个共同体靠两样东西：暴力强迫以及成员间的情感联结，我们在技术上称后者为"认同"。若两者中的某一方缺失，那么共同体也许可以靠另一方来维持。当然，这样的想法只有在表达成员之间存在着一些重要的共性时，才有意义。紧接着问题就成了：他们间的共性有多大。历史告诉我们，共性确实发挥了重要的作用。例如泛希腊观念表明，希腊人意识到自己比周边地区的野蛮人更优秀，此观念在希腊的近邻同盟（Amphiktyonien）[1]、神谕宣示与节日庆典里得到了强有力的表达，正因如此，泛希腊观念强大到足以缓和希腊人中间的战争风气，但它显然不能阻止希腊民族各地区间的争端，甚至遏止不了某一城邦或城邦联盟为了损害对手，而同宿敌波斯结盟的做法。

[1] 近邻同盟是古希腊时期，由雅典、色萨利等十二个相互毗邻的城邦构成的宗教性组织。它以神庙为中心建立起来，同盟每年举行一次会议，讨论盟内各邦之间及盟邦与外邦之间的关系，同时也商讨神庙的维修及财政等问题。——中译者注

同样地，基督徒的共同情感虽足够强大，却也在文艺复兴时期无法阻碍大大小小的国家在彼此开战时，寻求苏丹的帮助。即使到了我们这个时代，亦无人奢求拥有一个像这样的统一权威。而越来越清晰的趋势是，今天支配着各民族的国族理想正导向一个相反的结果。有些人预言，只要布尔什维克的思维方式普遍渗透到各民族当中，就能终结战争，但是我们当前离这一目标仍然很远，也许只有在可怕的内战结束后，它才能实现吧。如此看来，让观念权力取代实际权力的尝试在今天仍要失败。如果我们忽视了，法律原初即野蛮的暴力，而且直到今天，法律仍不可缺少暴力的支持，那么就会推导出错误的结论。

接下来，我将对您提出的另一个原理做些注释。您惊讶于人类竟如此容易地鼓动起战争热情，进而您猜想人类心灵中有某个东西在起作用，即一种仇恨和破坏的驱力促使战争热情煽动起来。我只能再一次向您表明，我完全赞同您的看法。我们相信这种驱力的实存，而且近些年，我们一直在努力研究它的诸种表现。您能允许我利用这个机会，向您阐明一部分驱力学说吗？我们在精神分析领域做了大量的摸索，经过了许多次动摇，才得到它们。我们假定，人类的驱力仅有两类：一类是意愿着保存与结合的驱力，我们称之为爱欲驱力，并且完全是在柏拉图《会饮篇》里的"爱若斯"(Eros) 的意义上言说它，或是在从日常的性欲概念有意识地扩展而来的性驱力的意义上谈论它；另一类是意愿着摧毁与杀死的驱力，我们将它概括为攻击驱力或毁灭驱力。正如您看到的，这实际上无非是那个举世皆知的爱与恨之间的对立在理论上的变形；而在您的研究领域里，吸引同排斥间的两极对立作为一种原初关系，很可能扮演着和爱与恨的对立相应的角色。目前我们不要匆忙地下善恶的价值判断。其中一种驱力与另一种驱力皆不可缺少，人类的生命现象就产生自这两种驱力的共同作用和相互作用。现在看来，哪一种驱力都不可能孤立地活动，毋宁总与一定量的另一种驱力结合——如同我们说的，融化——在一起，因此它会改变自己的目的，或在一些特定的情形下才可能实现自己。例如自我保存的驱力肯定具有爱欲性质，但它要贯彻自己的意图，就需要支配攻击驱力。同样，爱之驱力若要完全掌握它的对象，那它就必须具备额外的侵占驱力。在它们的实际表现里，将两种驱力分离开来，是件很难的事情，正是这种困难长期以来阻碍了我们认识驱力。

假如您想与我一同深入下去，那么您会发现，人类行动里还有另一种复杂情形。人类行动几乎不会是受单一驱力驱动的产物，它必定已是自在且自为地由爱欲驱力和毁灭驱力组合成的东西。为了使某一行动成为可能，通常必然以同样的方式混合了各种动机。您的一位同行已经认识到了这点，我指的是格奥尔格·克里斯托夫·利希滕贝格[1]教授，他在我们的古典时代、在哥廷根讲授物理学，但也许他的心理学家身份比他的物理学家的身份还重要。他发明了动机罗盘 (Motivenrose) 的理论，对此他说道："我们的行为动机 (Bewegungsgründe)[2]可以按罗盘上的32种风向排列，它们的名字也以类似的方式形成，例如，面包—面包—荣誉，或荣誉—荣誉—面包。"[3]因此当人类被鼓动起来参战时，他们内心里可

1　格奥尔格·克里斯托夫·利希滕贝格 (Georg Christoph Lichtenberg, 1742—1799)：德国科学家、讽刺诗作者、格言家。他是德国首位专攻实验物理学的科学家。——中译者注

2　我们今天的用法是：Beweggründe。——作者原注

3　这段话出自利希滕贝格的《格言集》(Aphorismen)。"动机 (转下页)

能会有一定数量的赞成的动机，它们或高贵，或卑鄙，或经人大声宣布出来，或被另一些人沉默着隐藏起来。我们没必要将它们一一公开。攻击和毁灭的欲望肯定在人心底存在。人类历史里的以及日常生活里的无数暴行都确证了它的实存和强力。这种毁灭冲动同其他的爱欲与种种理想的驱力结合在一起，自然有助于满足自己。有些时候，当我们听闻历史里的种种暴行，便会形成一个印象，即人类的理想的动机仅仅充当了毁灭的欲望之借口；另一些时候，我们听说了发生在神圣的宗教裁判所里的残暴行径，就会感到理想的动机显露于意识的前台，毁灭的欲望则在无意识地强化理想的动机。两种情况都有可能。

恐怕我滥用了您的兴趣吧，毕竟您关心的是如何避免战争，而非我们的理论。可我还想再谈谈我们的毁灭驱力，虽然提它很时髦，但是它的意义远没得到澄清。稍加推想，我们便可领会到，毁灭驱力在任何生物之内都起作用，并力求瓦解生命，使生命退

(接上页)罗盘"原词为 Motivenrose，这里的 Rose 指航海船上的风玫瑰，即风图。它与指南针结合在一起，被当作罗盘刻度盘使用，以表示风的方向。它有 32 个刻度，如北—北—西，南—东—东等。——中译者注

回到无生命的物质状态。严肃地说来，它应当被称作死亡驱力 (Todestrieb)，与之相对的是代表着努力去生存的爱欲驱力。当死亡驱力在某些特殊器官的帮助下转向外部，针对一些对象，它就成为了毁灭驱力。可以说，生命体靠摧毁他者来维持自己的生命。然而死亡驱力里的一部分仍在生命体的内部活动，我们试图从这种死亡驱力的内化过程中找到大量正常的和病态的现象的根源。我们甚至犯了宣扬异端邪说之罪，竟然把我们良知的起源归结为攻击驱力转向内在的过程。您注意到，若此过程发生的规模过大，那就不可能不令人担心了。死亡驱力直接地看来是不健康的，可当毁灭的驱力力量转向外部世界，生命体便能减轻自己的负担，必然于己有益。这个观点对于我们所反抗的一切丑恶的、有害的倾向，不啻生物学层面的辩护。必须承认，相比我们抵抗死亡驱力这一行为，死亡驱力更接近自然。对此，我们仍然要找到一种解释。或许您会觉着我们的理论是种神话，甚至无论从哪方面看都不是那种能令人愉快的神话。可难道任何一门自然科学不都会导向这样的神话吗？您会觉得今天的物理学会有什么不一样的吗？

66

从前文的论述中，我们已得到大量的素材，用以实现我们当前的目标。我们现在知道了，人类绝无可能消除自己的攻击驱力。据说地球上有某些乐土，在那儿，大自然给人类提供了他们所需要的一切丰富的物资，那里的人类部族生活安宁，他们性情温和，不知强迫与侵略为何物。我简直不能相信会有这样的地方，而且很想了解这些幸运儿的故事。布尔什维克主义者也希望通过确保共同体参与者们的物质需求的满足以及在他们当中实现人人平等，克服人类的攻击驱力。在我看来，这纯粹是种幻觉。目前他们极小心翼翼地武装起来，至少还不是靠仇恨一切外来者，将自己的支持者们团结到一起。此外，诚如您本人注意到的那样，问题的关键不在于完全消除人类的攻击倾向。人类可以尝试使它转向，不让它表现为战争。

从我们的神话式的驱力学说出发，我们很容易便能找到一条间接制服战争的公式。如若说发动战争的意愿乃毁灭驱力的一个产物，那么唤起它的对立者，即爱欲来对抗它，就不难理解的了。一切在人与人之间建立情感联结的事物都必然能起到反抗战争的作用。人类的情感联结可谓有两种类型：第一种朝向某一爱的对象，即使这个对象并非性目标。精神分析在此谈及爱的时候，不必觉得羞耻，因为宗教不是讲过同样的话吗："爱邻人如同自己"[1]？这个要求提出来容易，做起来就很难了。第二种情感联结指通过认同建立的联结。一切能为人间创建重要的共同利益的东西，皆能唤起人类的共同情感，即认同感。人类社会结构里的很大一部分建立在它们之上。

从您对权威之滥用的指责里，我把握到了第二个间接制服战争倾向的暗示。人类群体分成统治者与从属者，此乃人类与生俱来且无法克服的一种不平等状态。从属者在数量上占绝大多数，他们需要一个为他们做决定的权威，而且他们多数时候会无条件地服从这个权威。这里还需补充一点，我们必须比以往投入更多关注，去培育一个能独立思考、不受外在条件的胁迫、努力地寻求真理的上层阶级，领导不能自主的群众的责任就落在他们肩上。无需赘言，无论国家暴力的干涉，还是教会的思想禁令，皆不利于培育理想的上层阶级。而理想的状态自然是

1　参见《新约·路加福音》(10: 27)。——中译者注

68

建立一个人类的共同体，能让人类的驱力生活服从理性的专政。若人间抛却了情感联结，那么就再没其他东西能够促成一个如此完美、如此牢固的人类统一体建立起来了。但这很可能是个乌托邦式的希望。其他间接避免战争的道路当然可行，但它们无法允诺能迅速成功。我们脑海里会显现出这样一幅令人不快的画面：磨坊里缓缓在研磨，可面粉还没磨出来，人就已经饿死了。

您看，若人们就一些紧迫的实践问题咨询不通世故的理论家，那么显然得不出什么结果。更好的办法，毋宁是直面每一次的具体情形，努力用手头掌握的工具来应对危机。但我还想再谈一个您信中没有提到、却令我特别感兴趣的问题。即，为什么我们会如此激愤地反对战争呢？您和我，还有许许多多的其他人，为什么接受不了战争，不能把它当作像生命里其他的很多令人痛苦的困境来接受呢？战争似乎合乎自然、完全有生物学的依据，因此人类实际上根本无法避免。请您不要惊骇于我所提的问题。为了研究的目的，我们或许应该戴上一副超脱的面具，尽管我们实际上不具有它。我对自己所提问题的回答如下：因为每个人都有保存生命的权利；因为战争摧毁了人类的充满希望的生活，将人贬低到屈辱的境地，迫使人违背自己的意愿杀死其他人；战争还会毁灭人类劳动所创造的宝贵的物质财富；等等。此外，当前形态的战争不再能给人提供实现旧式英雄理想的机会，而未来战争因毁灭性武器的改进，将意味着彻底消灭交战的一方，甚至有可能令交战双方同归于尽。这一切都是真实的，似乎无可辩驳，以至于我们震惊于人类竟还未达成拒绝发起战争的普遍共识。当然，这里有几个观点可商榷。人们可以问，共同体是否不能主宰个体的生命权利？人们能否一概地谴责所有战争？只要存在着图谋无情地毁灭其他国家的帝国或国族，受威胁的国家就得为战争作准备。但让我们尽快略过这些问题吧，它们并非您需我作答的内容。我关注的是别的东西，我相信，我们激烈地反对战争的首要原因乃是我们不得不如此 (wir nicht anders können)。我们是和平主义者，必然有我们的天生器质方面的原因。这样我们就很容易凭借论据证明我们的见解。

这一点[1]不做解释便无法理解。我认为：自太古

---

[1] 指上文"我们激烈地反对战争的首要原因乃是我们不得不如此"。——中译者注

时代以来，人类的文化发展的进程就在持续进行着。对此，我知道其他人更倾向于用"文明化"（Civilisation）这个词。我们所取得的最好的成就，以及我们所遭受的苦难里的大部分，都可归结于此进程。它的开端和起因晦暗不明，结局也无法明确，不过它的某些特征清晰可见。或许它正在导致人类的灭绝吧，因为它用不止一种方式损害着人类的性欲功能。今天我们可以看到，未开化的种族和人口中落后阶层的繁殖速度高于高度开化的群体。也许这个过程可同驯养某些动物品种的过程相提并论。毫无疑问，它会带来身体的变化。人们还未熟悉文化发展是一个有机过程这一观念。同文化进程伴随的各种心理变化显而易见、清楚明白。它们体现为持续地移置驱力目标、限制驱力冲动。那些充分激发起我们祖先的欲乐的感觉，已经调动不起我们的兴趣了，或者干脆成了我们无法忍受的东西。若我们的伦理和审美的理想发生了变化，那肯定有我们身体器质方面的原因。至于文化的诸心理学特征，有两个最重要：其一是智识能力的增强，它开始支配驱力生活；其二是攻击倾向的内在化及其产生的全部有利的和有害的后果。正因为战争最激烈地反对着由文化进程强加给我们的心理态度，所以我们激愤地否定战争。我们根本无法容忍战争，这不止于一出知识和情感层面的拒绝行动，而且在我们这些和平主义者看来，这更是一种器质上的无法忍受，一种扩展到了最大程度的特异反应。事实上，战争在审美层面上的贬损，对我们拒绝战争所起的作用，不亚于战争暴行本身。

我们还需等多久，才能等到其他人都成为和平主义者？我答不出来。不过两种因素，即人类的文化态度和他们对未来战争后果的合理恐惧，能在可预见的将来终结战争的萌芽，这可能并不是乌托邦式的希望。至于要走哪条直路或曲径，我们无法猜测。无论如何，我们可以对自己这么说：凡是促进文化发展的东西，也能反对战争。

衷心地祝福您。若我的讲述令您失望，那么请您原谅我吧。

您的

西格蒙德·弗洛伊德

弗洛伊德精神分析视域中的
战争问题 *

张巍卓

*　本导读是在对拙文《精神分析与战争经验——作为〈精神分析引论〉主线的战争问题》的补充与修改的基础上完成的，原文刊于《社会》2020年第 2 期。

作为精神分析潜在母题的"战争"

在西方，不论古代还是近代的政治或社会理论传统，大体以实现和平秩序为最终皈依。古代哲人亚里士多德指出，"人是政治的动物"，人建立政治社会是为着最高的善业。随着古代和中世纪目的论世界图景的衰落，近代政治哲学倾向于反对个体在自然本性上即政治人的预设，如霍布斯的自然状态学说呈现了政治状态尚未形成或瓦解之后的人人为敌的悲惨情形，但他仍然承认，人能因畏死这一根本的激情激发起理性能力，通过订立契约建立国家，通过制定并遵循实定法维持政治秩序。十八世纪以来的政治和社会理论总体上延续着霍布斯的思路。直到二十世纪初弗洛伊德创立精神分析学说，此前的思想传统被彻底颠覆了，从人本身到人类文明的尊严，统统遭受史无前例的打击，借用拉康的话来说，"人的真正中心不再是在人道主义的传统所指出的地方了"[1]。

---

[1] 雅克·拉康：《弗洛伊德事务或在精神分析中回归弗洛伊德的意义》，《拉康选集》，储孝泉译，上海三联书店，2001年，第383页。

精神分析的颠覆性，同它将战争经验当作核心议题息息相关[1]。二十世纪的两次世界大战期间，正是弗洛伊德深入人类本能最幽深处以及精神分析收获广泛认同的时期。精神分析证实且公开宣布了，自二十世纪以来，人类进入了真正的战争(Krieg)时代：它要摧毁人类民族与国家间的一切共同体纽带，甚至毁灭人类的文明亦在所不惜。

不过随着弗洛伊德去世、第二次世界大战终结，"战争"这个核心的主题，被精神分析的后续潮流遮蔽了。精神分析的主流要么像马尔库塞(Herbert Marcuse)批评那样，被"修正学派"整合进临床医疗实践，其破坏性内容几乎被消除了，要么衍生出种种模糊的、边界不明的文化批评理论[2]，它所植根的战争经验并没有受到太多重视。即便研究这个问题的学者，大多关注的也是精神分析对现代政治和社会理论的贡献，或者用它解读二战后诸区域战争和社

1　Marlène Belilos, "War: A core issue for Freud", in *Freud and War*, Edited by Marlène Belilos, New York: Routledge, 2011, pp.63-70.

2　赫伯特·马尔库塞：《爱欲与文明》，黄勇、薛明译，上海译文出版社，2005年，第184—213页；另外参见史蒂芬·米切尔、玛格丽特·布莱克：《弗洛伊德及其后继者》，陈祉妍等译，商务印书馆，2007年，第9—14页。

会斗争的历史[1]。虽然可以说世界大战消亡并在战后收缩为区域性的事件，导致世界之战多少被遗忘了，但人类经历了二十世纪，战争驱力、经验与记忆都持存并且潜在于当下与未来。

战争之于精神分析的意义有待于从一开始就得到澄清和重视。在我看来，它至少包含了三方面的意涵，即：战争之为历史前提、人性面貌以及人类境况。

＊
＊＊

首先，精神分析脱胎于世纪末（Fin-de-Siècle）文化，而战争又是世纪末历史处境的体现。十九世纪西方殖民与资本主义的扩张，使得全球被纳入一体世界，十八世纪观念里的"普遍人类"如今成为了历史具体的"普遍人类"。而战争不光关系到近代欧洲乃至世界诸民族的地缘政治与经济利益的斗争，也意味着社会冲突，尤其文化的斗争。尼采就说过，他发动的"重估一切价值"的精神战争将把政治概念炸得粉碎，伟大的政治即从他开始。[2]弗洛伊德承

1　参见赫索格关于这个议题的详细文献综述：Dagmar Herzog, *Cold War Freud*, Cambridge: Cambridge University Press, 2017, pp.1-11。

2　弗里德里希·尼采：《瞧，这个人》，孙周兴译，商务印书馆，（转下页）

接尼采，对战争有着同样深刻的体会，这又和他所成长的世纪末维也纳的局势分不开，当时的维也纳可谓西方文明的缩影。

斯蒂芬·茨威格 (Stefan Zweig) 曾在《昨日的世界》里描绘道，维也纳这座世界大都市在战前兼容并蓄全世界的文化，闪耀着人类文明的最强光辉，但光明同时孕育着毁灭的魔种，正是弗洛伊德先于所有人看透了文明的假象[1]，或战争的真相。作为犹太人，他饱尝着反犹运动的冲击，可以说，反犹成为了他的日常经验。早在马克思那里，我们已经看到：犹太人问题的实质不再关乎犹太族群的命运，"犹太人"乃近代经济人的象征，其命运关系到市民社会及其革命这一现代性的根本问题。落实到弗洛伊德的身处境况，犹太人的命运揉进维也纳以及整个哈布斯堡帝国的危险局势里，预演了整个欧洲的社会与政治的解体，以及公开的暴力战争。[2]

早期弗洛伊德正是从布尔乔亚家庭政治来破解

(接上页) 2016年，第155页。

1 斯蒂芬·茨威格:《昨日的世界》，舒善昌译，生活·读书·新知三联书店，2014年，第6页。

2 卡尔·休斯克:《世纪末的维也纳》，李锋译，江苏人民出版社，2007年，第187—215页。

这个秘密的，市民家庭充当了现代社会秩序的根基，而家庭又要遵守严格的性道德。他在1900年出版的第一部巨著《释梦》里揭示的被文明压抑的"俄狄浦斯冲动"，以及随之而来的一系列案例的分析，让市民道德成了"滑稽可笑的木乃伊"，更指明了从人类政治社会到心灵生活，不啻恐怖的、上演着战争的剧场。[1]

随着精神分析运动的推进，弗洛伊德逐渐深入还原了作为人性面貌的战争状态，在一战和二战期间，他的"元心理学"(Metapsychologie)研究日臻成熟，世界大战的经验也启发他重新理解人类日常生活的情形。正像弗洛伊德反复强调的，并非因战争，精神分析才开始谈论"攻击性"和"死亡驱力"等问题，毋宁说，战争仅仅证实了他在许久之前就提到的说法。盖伊指出，在一战前，弗洛伊德对战争的阴影一直很敏感，常常觉得透不过气，大战伊始，弗洛伊德致荷兰好友伊登(Frederik van Eeden)的信中内容也证实了这点：

---

[1] 斯蒂芬·茨威格：《精神疗法》，沈锡良译，上海人民出版社，2007年，第217页；彼得·盖伊：《弗洛伊德传》，龚卓军、高志仁、梁永安译，商务印书馆，2016年，第376页。

战争只是证实了精神分析"从一般人的梦境、口误，以及在神经官能症病人的症状里学到的事情"，那就是"原始、野蛮以及邪恶的人类冲动，并没有在任何一个人身上消失，它们存在其中，只是以压抑的状态呈现"，并且"等待机会来展现"。[1]

**

和战争作为人性面貌相呼应的事实在于，弗洛伊德在大战期间对于战争的思考，并非像人们通常理解的那样，致力于解释战争的成因[2]。从本书收录的《关于战争与死亡的当代考察》（以下简称《考察》）到他著名的回应爱因斯坦的《因何而战？》（*Warum Krieg?*）一文，我们会发现，弗洛伊德首要关心的却是我们如何想象战争，甚至我们为什么会反对战争：

文化共同体的享受有时被一些杂音滋扰，它们警告说：由于自古以来人类之间就存在着分歧，即

1 转引自彼得·盖伊：《弗洛伊德传》，第437页。

2 Ian Forbes, "People or Processes? Einstein and Freud on the Causes of War", in *Politics*, vol.4(2), 1984, pp.16-21.

使共同体成员之间，战争也是不可避免的。人们不愿意相信这是真的，但假如一场战争就这么爆发了，他们会如何想象它呢？(《考察》)[1]

但我还想再谈一个您信中没有提到、却令我特别感兴趣的问题。即，为什么我们会如此激愤地反对战争呢？您和我，还有许许多多的其他人，为什么接受不了战争，不能把它当作像生命里其他的很多令人痛苦的困境来接受呢？(《因何而战？》)[2]

我们想象战争，面对的是我们自身的精神世界；我们恐惧战争，与其说恐惧的是战争本身，不如说是经文明赋予了意义的战争。因此，弗洛伊德不光要揭示由文明标准划定的人性内在的破坏性驱力，更是要去追问未经文明遮蔽，甚至超越文明话语的人类原初经验，进而从有机体的生命历程考察文明的演变。只有承认经新观点洗礼的毁灭驱力与死亡驱力，我们才能重新定义战争、反思我们对于战争的态度，最终探索人类本能同文明之间的健康关系，寻求合理的教育之路。

1　见本书第8页。
2　见本书第69页。

再进一步言之，正像后来的美国社会学家帕森斯 (Talcott Parsons) 准确认识到的，弗洛伊德说到底思考的是人的境况 (Human Condition) 这一母题[1]。战争则构成了它的底色，在迄今为止的诸多思想流派里，恐怕只有同弗洛伊德主义联姻的马克思主义理论家，如霍克海默 (Max Horkheimer)、阿多诺 (Theodor Adorno)、马尔库塞和阿尔都塞 (Louis Althusser) 等人，才首要地从广义的战争或破坏性的维度来界定弗洛伊德的遗产，然而他们用马克思的学说套用弗洛伊德，可能在另一方面遮蔽了后者的理论潜能，也就是说，用革命话语消解了教育的未来。

要从战争的主题理解弗洛伊德的精神遗产，本书收录的两篇文献乃当之无愧的核心文本。《考察》撰写于第一次世界大战开始时的 1915 年；与爱因斯坦的通信《因何而战？》则写于 1932 年，出版于次年，其时希特勒及其领导的纳粹党攫取了德国的统治权，是为第二次世界大战的先导。因此这两篇文献

---

1 Talcott Parsons, *Action Theory and the Human Condition*, New York: The Free Press, 1978, pp.82-88.

分别反映和预言了两次世界大战背后的人类精神本质，以战争为视域推进精神分析的思考，探入更幽深的人性世界。

从弗洛伊德的思想历程来讲，我们知道，正是在第一次世界大战前后，它发生了一些关键性的变化，一个重要的表现就是与战争相关的"超越快乐原则"的毁灭欲望、死亡驱力越来越占据他思考的中心，进而他由此推及对社会学、文明论的宏大议题的探索。《考察》与《因何而战？》便各自关联着弗洛伊德思想前后期的文本群：《考察》以及在它前后时分出版的《图腾与禁忌》(1913年)与《精神分析引论》(1917年)，总结并运用前期精神分析运动成果的同时，提出了后期思想的萌芽；《因何而战？》则与从《超越快乐原则》(1920年)直到《文明及其不满》(1930年)的主要著作一道，呈现了他晚期的文明论思想。

"幻灭感"或普遍的怀疑

1914年6月28日, 萨拉热窝刺杀事件发生, 随即第一次世界大战爆发。大战开始不久, 可能谁都没有想到未来战争的走向和结局, 更想不到繁荣、文明的欧洲将迅速沦为"昨日的世界"。除了民族主义者和爱国分子的激情, 就连当时的德奥知识圈都弥漫着狂热的气息, 他们对西欧的商业文明、对枯燥和陈腐的布尔乔亚文化, 早已积蓄了强烈的不满与怨气, 因而寄希望于德意志帝国领导的军事行动, 能带来重塑欧洲乃至人类精神的契机。

即使战争初期的弗洛伊德也不例外, 可随着战事的扩展, 他的亲人朋友纷纷卷入战场, 精神分析研究与国际交流事业停滞, 尤其从一位精神分析家的惯习和视野观察世情与周围人性, 他深深陷入失望与沮丧, 正像他在1914年11月底写给学生及友人莎乐美 (Lou Andreas-Salomé) 的信里记叙的他心态的转折:

我就像你一样, 毫不怀疑人类可以撑得过这场

战争,尽管如此,我也很肯定,我和我同时代的人都将不会再以一种喜洋洋的心情看待世界,那是一场太可鄙的战争了。[1]

一战仅仅过了半年时间,弗洛伊德就认清了这场战争的本质。他1915年在《意象》(Imago) 杂志发表的《考察》这篇长文,为自我毁灭的人类文明唱响了第一首挽歌。《考察》由两篇相互关联的文章组成,分别谈战争带来的幻灭感和现代人对于死亡的态度。

先来看《战争的幻灭感》这篇文字。我们知道,精神分析的眼光从一开始就聚焦普通人的经验,关注他们的日常境遇。《考察》亦不例外,弗洛伊德从"留守战争后方"的平民的视角,描写了他们的心路历程:他们曾经期待主宰人类的白人国家的领袖,会以世界范围内的利益为重,想办法建立各种伦理规范来解决国内外的冲突;他们可以不受阻碍地驰骋于世界里的各个角落,为自己建造一座独特的"帕纳索斯山"和一座"雅典学园";即使大战拉开序

1　转引自彼得·盖伊:《弗洛伊德传》,第392页。

幕，他们也曾想象这场战争是不会把平民卷入进来的浪漫的骑士之战。但他们想错了，随着武器无限制的投入，这场战争已经蜕变为一场血腥程度超过以前任何一场战争的屠杀，战争一路践踏，在它所走过之处，人类似乎再无未来、再无和平。

这场大战因其进攻与防卫的武器的完善，比过去任何一场战争都更血腥、更具毁灭性，而且至少同此前任何一场战争一样地残酷、冰冷、无情。它逾越了所有人们在和平时期应遵守的所谓"国际法"的限制，无视伤者与医生的优先权，不区分人口中的参战部分和非参战部分，践踏私有财产权。它盲目愤怒地抛开一切阻挡它道路的东西，仿佛在它以后，人类不再有未来，亦不再有和平。它毁掉彼此开战的民族间的一切共同体纽带，威吓着要把痛苦施加给对手，让未来很长时间内重归于好的可能性付诸东流。[1]

1 见本书第9页。

更要命的，这场战争暴露出各个文化民族居然相互认识、了解得如此少，居然怀着最可怖的仇恨与厌恶彼此对待。"人类学家们必然宣称对手乃劣等和堕落的民族；精神病学家们则公布他们的诊断结果，指出敌人的精神紊乱与灵魂无序。"[1]一言以蔽之，"幻灭感"袭击、裹挟直至可能毁灭每个人。

但精神分析的宗旨是要给处于当下悲惨境地里的人类提供慰藉。这篇文字的写作本身就是一场从自我推及人类的治疗过程。正像文中写道的，"我想，他们会悦纳任何能宽慰他们，至少能让他们稳定内心的小暗示"[2]。事实上，精神分析自诞生以来，不就一直在教导我们：人心经不住真实的检视，所谓人性本善，不过社会压抑、驱力转化的产物吗？《考察》亦指出，对待"幻灭感"，批判是不恰当的。这场战争仅仅演历了人心里本来就根深蒂固的东西而已，我们之所以有那么大的幻灭感，并非因为我们的全世界同胞公民的人性堕入深渊，而是因为人性本身就没有达到我们从来即认为理所应当的那个高度。

1　见本书第3页。
2　见本书第4页。

于是在弗洛伊德的笔下，大战促成了怀疑和祛除人性遮蔽的契机。这也是为什么弗洛伊德并不为这场战争的爆发寻找什么偶然的外部原因。对此的经验考察与理论思索，可以结合着他同一时期出版的《精神分析引论》(以下简称《引论》)来深入理解。

《引论》是 1915—1916 年期间，弗洛伊德在维也纳大学的一系列演讲集结而成的作品，也是他最为人所知、影响最广的著作。值得注意的是，大战构成了《引论》一书的视域和理论发展的潜在主线。相较《考察》，《引论》从容平静许多，一开始即致力于从根本性的哲学反思来处理怀疑、去蔽和还原的议题。弗洛伊德在此可谓重演了笛卡尔"第一哲学"的工作[1]，我们知道，笛卡尔从怀疑一切开始，继而确立了"我思"这一绝对的现代主体基础，重建了上帝信仰和世界的实在性，然而因为单靠理智，我们根本获得不了知识，所以"我思"说到底又是"我执"，是

---

[1]　弗洛伊德与笛卡尔之间的思想关联本身极为复杂，二战后的法国哲学家，从拉康、福柯，直到米歇尔·亨利等人都对此展开过专门的讨论，其中牵连着身心关系、意识与无意识差异等现代哲学核心问题，但论者大多承认，弗洛伊德精神分析的设问和思维方式，仍然遵循笛卡尔的第一哲学。具体可参见：Michel Henry, *The Genealogy of Psychoanalysis*, California: Standford University Press,1993。

用意志判断真假、做出肯定或否定的选择。

由"我思"的认识和确证，就能真正把握自我和现象吗？弗洛伊德所遭遇并解读的种种精神症案例，证实了这条根本原理的不可靠。他写道：

> 无论是思辨哲学或叙述性的心理学，或是和感官生理学连带研究的所谓实验心理学，都不能帮助你们懂得心身的关系……这些图画所表现的症状究竟如何发生、如何组成、如何联系，都是未知数：它们或者是与脑子里的变动联系不上，或是虽能联系，却无法解释。[1]

进一步地，"我思"作为意志行动，不能只把自己从生活中抽离出来做判断，相反，它要从哲学的星空降人普通人的日常生活。那么日常生活里的"我思"是什么样子的呢？早在1901年出版的《日常生活的精神病理学》里，弗洛伊德表明，悬置有明显症状的神经症患者，单纯看健康人的日常状态，就会注意到，他们在不断地犯过失，如遗忘、口误、笔误等

---

[1] 弗洛伊德：《精神分析引论》，高觉敷译，商务印书馆，2013年，第7—8页。

等,这些看似偶然和琐碎的事件,却反映了一个根本的道理,人自以为的思想自由是靠不住的,他时刻自觉或不自觉地陷入中断状态。进一步说来,企图用所谓理性启蒙大众,教育人类向着最高真理奋进,难道不是一场幻觉吗?反之,神经症现象,或世界的"复魅"难道不是更接近哲学的真相吗?

对"我思"乃至一整套逻各斯主义哲学传统的怀疑,并非弗洛伊德此刻才萌生的想法。但目下的战争给予了他新的观察透镜,去审视普通人的生活,还有他们心灵剧场里上演的剧目。如果说《日常生活的精神病理学》破解了思想自由的幻觉,那么《引论》再度讲解过失现象时,则是在战争的氛围里逼近决定思维中断的东西,从战壕之战转到心灵的战场。

我们看到,《引论》充斥了战争、政治和死亡的例子,不乏幽默、无奈甚至恐惧的色调。如在酒桌上,某人错把"请大家干杯以祝我们领袖健康"说成"请大家打嗝以祝领袖健康";如在议会里,某国会议长想宣告开会,却说成了散会,某位议员称另一位议员为"中央地狱里的荣誉会员";如在战场上,一个士兵错把"我愿我们有一千人守卫在山上"说成"战败在山上";报刊的案例更是屡见不鲜,如社会民主党的报纸有次报道某节宴说"到会者有呆子殿下",第二天更正时,又犯了错,讲成了"公鸡殿下",还有一随军记者访问某将军,在通信中称将军为"临战而惧的军人",道歉时又说成了"好酒成癖的军人";又如实验室的例子,有个人冒充细菌专家,把"我实验老鼠和豚鼠"错写为"我实验人类",结果他后来真成了细菌杀人犯。[1]

《引论》所举的例子是为了证明,普通人的日常心灵、思维线索被战争牵制着,即使说"决定"着,也不为过。正像盖伊披露的,大战期间弗洛伊德对攻击性驱力的重视,很大程度上来自战争宣传品中显现的人性野蛮[2]。弗洛伊德在《考察》里特别提到:战时国家"通过过度的自我伪装以及采取审查流通的消息和观点的做法,剥夺了公民的行动能力,使得那些在智识上受压制者的心灵,无力抗衡任何不利的

---

1 以上例子,参见弗洛伊德:《精神分析引论》,第15—16页,第17—18页,第42页,第45页。

2 彼得·盖伊:《弗洛伊德传》,第437页。

处境以及混乱的谣言"[1]。类似的事实,《引论》讲得更具体、生动:

> 又如在这次大战的时候, 我们常听到市镇和将军的名姓以及军事术语, 所以一看到相类似的字样, 便往往误读为某城市或大将的名字或军事名词。心内所想的事物代替了那些尚未发生兴趣的事物。思想的影子遮蔽了新的知觉。[2]

> 譬如在第一次世界大战期间, 我们不得不放弃许多以前的娱乐, 于是我们关于专名的记忆力, 都因风马牛不相及的关系而大受妨害了。[3]

战争或政治话语塑造着、牵制着、纠缠着我们的心灵。在这些案例背后, 我们看到, 弗洛伊德从一开始就不是要追究过失的原因, 因此他并不否认过失有生理方面的诸因素, 他关心的是揭示过失的意义(Sinn), 换言之, 对过失的研究从属于更普遍的日常生活的意义研究。按照他的定义, 意义就是它所借

1　见本书第10—11页。

2　弗洛伊德:《精神分析引论》,第50页。

3　同上,第53页。

以表示的意向（Intention）或倾向（tendency）[1]。

　　弗洛伊德所说的意义或意向，需要从三个层面来理解：第一，弗洛伊德受现象学先驱布伦塔诺（Franz Brentano）的影响，相信经验首先即意向性关系[2]，是人向着某一目标的意向表示，因此精神分析呈现的心灵经验和生活是合为一体的，而非从生活里超拔出抽象的"我思"；第二，意向又不可能封闭在心灵世界里，它和行动或事迹是分不开的，心理现象既遵循着一套动力学机制发展，又像弗洛伊德在《图腾与禁忌》（1913年）的最后引用歌德"太初有为"的讲法，必然发展为行动或事迹[3]；第三，意向，更准确地说意向的关系乃是情境性表现，是个体的当下处境、他的自我历史、族群历史，乃至人类所属的有

1　弗洛伊德：《精神分析引论》，第23页。
2　弗洛伊德在维也纳大学曾求学于布伦塔诺，此后二人一直保持着密切的思想交往。精神分析关于心灵与生活间关系的讨论，深受布伦塔诺的影响。具体可参见：Joel Pearl, *A Question of Time: Freud in the Light of Heidegger's Temporality*, Amsterdam: Rodopi B.V., 2013, p.90。
3　需要特别强调的是，这里的行动不是自由的任意行动，而是对人类历史的重演。弗洛伊德在《图腾与禁忌》里表述的行动乃是"罪行"，是原始人的杀父之罪。《考察》里的第二篇《我们对死亡的态度》重复了《图腾与禁忌》的判断。参见弗洛伊德：《图腾与禁忌》，赵立玮译，上海人民出版社，2005年，第191—192页。

机体发展的历史共同交会成的结晶体。

于是,弗洛伊德在此初步确立的自我,是活在不同意向交织、冲突当中的自我,战争和政治宣传作为牵制意向已昭然若揭。但进一步地说,被牵制的意向又如何呢? 战争只是一种外在的刺激,抑或只是停留于日常话语和过失行为的影响吗?

(三)

"情感之暧昧"

让我们重新回到《考察》这篇战时文章,弗洛伊德在论述作为外部强制的战争给我们心灵造成的"幻灭感"之后指出,这次大战亦将使我们更深入地理解人类的心灵过程:

> 灵魂的发展具有其自身的特点,是其他种类的发展过程所不具备的。当一座村庄发展为城市,一个男孩长成为男人,那么村庄便消失在城市里,男孩便消失在男人里。唯有记忆才能将旧特征描绘进新画面。事实上,旧的材料或形式已经被革除,被新的材料或形式取代。可说到灵魂的发展时,情形就不

94

同了。既然灵魂发展的实情无法与其他发展的情况比较,我们要描述它,只得断言:在灵魂的发展过程中,任何发展的早期阶段都与它演变出的后来阶段并存,并保留了下来。[1]

灵魂的发展和身体的长大不同,任何早期的阶段都与之并存。换言之,我们即使成了大人,但作为孩子的自己仍然或显或隐地与我们共存着,甚至在任何时候都可能再次夺取精神主权。这便是《考察》里提出的"情感之暧昧"的缘由所在。就此而言,弗洛伊德绝不同意黑格尔的精神发展原理,倒更会相信霍布斯讲的,大人是长不大的孩子。

《考察》里的另一篇文章《我们对死亡的态度》,对"情感之暧昧"做了考古学或人类学的历史追溯。这部分内容,弗洛伊德已经在不久前发表的《图腾与禁忌》做过详细讨论,只是如今的大战凸显了探讨"死亡"议题之紧迫性,亦证明精神分析关于死亡的见解,多么接近人性的真实。弗洛伊德在此指出,我们现代人对待死亡问题的态度几乎完全同原始人

1　见本书第19—20页。

一样，一方面在无意识里都确信自己是不死的；另一方面却认可把死亡加诸外族人与敌人身上。这两个方面的并存，为"情感之暧昧"提供了历史的佐证。

进一步地同《引论》比较地来审视，我们发现，《考察》展现了精神分析的深化程序。如果说《引论》所谈的过失现象揭示了战争从外向内造成的心理破坏效力（"幻灭感"），那么人心中的原始人或孩子又和眼前的战争有什么关系呢？对此，精神分析创造性地发现了一种方法，来还原孩子的欲望，或者说"情感之暧昧"的源流与运作机制，它就是释梦。正像《考察》里说的："唯有梦能揭示我们的情感生活回归到其发展过程的某一最早阶段"[1]。

无论《考察》，还是《引论》里谈梦的部分，乃是对此前巨著《释梦》一书的高度浓缩，只不过《引论》将过失研究和释梦合成为一条精神分析推进的脉络。从过失到释梦，弗洛伊德基于一个共同的前提，即我们的内心里存在着隐秘的欲望，却又受到干涉倾向的牵绊。从睡梦中醒来的人和犯了口误过失的

1　见本书第21页。

人一样，其实知道梦的意义和自己的真实意图，只是由于被牵制的倾向压制下去，便不知道自己明白、以为自己一无所知罢了。当然，从精神分析的技术上说，释梦远比过失心理学研究复杂，释梦要运用自由联想法去揭开个体之梦的工作的层层机制，探索压缩、移置、视像呈现等程序如何实施；不止如此，释梦要在破解象征意涵上花很大的工夫，去追溯人类族群的语言文字的原初意义及其流变。

但释梦复杂性的实质是什么呢？无疑，它比过失更接近人心本源的奥秘，从过失到梦，被牵制的意向、进而它植根的本能逐渐清晰地显露出来了，过失现象有待于回答的最终隐秘要由释梦来揭示：一方面，释梦是对自我更彻底的现象学还原，就像弗洛伊德强调的，梦的现象证明人心自成一体，梦不能直接还原为体内或体外的刺激，因为它有自己化简为繁、义外生义的功能，就像莎士比亚《麦克白》的伟大无法用英王统一三岛的历史事件来解释[1]；另一方面，如果说过失仍然受制于个体当下的思路和情境，那么梦就关系到无限地回溯个体的历史，暂且不论梦

的具体内容,单纯说梦者置身于睡眠和黑夜,便是在回溯他作为孩子的原始情境:

> 我们本不愿入世,因而和人世的关系,只好有时隔断,才可忍受。因此,我们按时回复到未入世以前或"子宫以内"的生活,想重复引起类似这个生活的特点,如温暖、黑暗及刺激的隐退……所以我们成人似乎仅有三分之二属于现世,三分之一尚未诞生。每天早晨醒来时便好像重新降生。[1]

弗洛伊德曾在《释梦》一书里确立"梦为欲望的满足"这一核心原则。人只要活于世,必不可少地要受心内外各种刺激,它们形成了梦的内容,然而弗洛伊德想说的是,梦首先要保证自我的睡眠维持下去,保证自我处于安全的境地,不受人间白日的折磨和摧残,而孩子的原始满足又系于母体"子宫以内"的生活。当他降生或每日醒来,他的本能总倾向于回到黑夜,和母亲身体再度结合,这又引起对父亲和兄弟姐妹的仇恨,反过来塑造了他的痛苦的自我认

---

[1] 弗洛伊德:《精神分析引论》,第62—63页。

知和压抑感，弗洛伊德从俄狄浦斯以及哈姆雷特的命运，发现了这一痛苦的心灵剧场原型[1]。

此时此刻，相较《释梦》，《引论》填充了更鲜明的大战色调，弗洛伊德笔下的案例打上了战争经验的烙印，而大战又引领着他思考人类驱力的更复杂面向：不光俄狄浦斯的倾向，还有成为了现实的破坏欲；不光家庭里的儿子，还有政治和战争风波里的女人；不光欲望横生的少男少女，还有看似严肃持重的长者妇人；不光公开的破坏性意向，还有隐秘的倒错和自虐的需要。

《引论》里令人印象极其深刻的梦的案例，要数一位五十来岁年高望重的老妇人的"爱役"之梦了：这位老妇人梦见自己到第一军医院，走入一间暗室，见到室内的许多军官和军医，她对他们表达了自己愿意"服务"的意愿，只是在指涉明确的服务行为时，代以喃喃自语，而且她隐匿了单数的自己，以妇女众数的名义讲这回事，"我和维也纳的无数妇女准备供给士兵、军官或其他人等"，这些军官很快明白了老妇人的来意，他们半感困惑、半怀恶意地发笑，

1　弗洛伊德：《释梦》，孙名之译，商务印书馆，2005年，第260—266页。

令老妇人萌生退却之意，却又要用公民责任来寻求释怀，最后军医向她表示了十二分敬意，指给她院长所在处，于是"她觉得她只是在尽自己的义务，走上了一个无穷尽的铁梯"[1]。

一位德高望重、日夜只替孩子操心的老妇人，怎么能做出这般和她年纪与身份冲突的荒唐之梦呢？看似荒诞无聊的梦，却揭示出战争如何在个体人心深处演历它的全部过程。于是，战争像梦一样表现为黑夜和白天交缠，一方面，老妇人在描述自己的梦时，对梦境大加批判和申斥，说明她自己多少知道梦的隐意，而且在梦中，她说到羞耻处，都会转化为众数和公民责任的口吻，要么喃喃自语，说到底，她在履行白天对梦的检查职能，对应大战期间的野蛮的言论控制：

近来类似的事比比皆是。试取任何一种有政治色彩的报纸，你们会发现删削之处触目皆是，于是纸上屡有空白。这些空白所占据的地方，原来一定有新闻检查员所不赞许之事，因此便被删除得一字不

1　弗洛伊德：《精神分析引论》，第103—104页。

留。你们大概以为这太可惜了，因为被删的新闻一定是新闻中最有趣的材料。[1]

另一方面，老妇人的梦透露出一种不受限制的性欲，更有甚者，她讲到梦里有位曾向她表示爱情的少年对她高声大笑，而在弗洛伊德看来，那位少年的原型就是她的儿子，她对她的儿子有乱伦的欲望，弗洛伊德在此突出大战时代的人心驱力所确立起的"神圣自我"（sacro egoismo）。《考察》里称之为"无所不能的、专制独裁的自我（Ichs）"。需要指明的是，这种自我并非笛卡尔以来的主体哲学的抽象自我，也不是近代自然法里基于自我保全前提的个体人格，而是寻求同欲望对象结合的"力比多"驱力。

与此同时，不止于《释梦》所下的梦为欲望的满足的断言，如今弗洛伊德特别强调力比多同大战背景相应的纯粹否定性，正像大战里的人肆意破坏外在秩序和客观文明，普通人的内心也尽情宣泄着力比多，外部的破坏性越强，内心的欲望就越激励、越需索无度。

1　弗洛伊德：《精神分析引论》，第105页。

正是如此，如果说战争刚开始时，弗洛伊德对几个欧洲大国的统治者有所期待，亦呼吁他们担当起政治责任，那么现在，他可以无畏地对讲台下的听众宣称，因为战争就是一场所有人都在做的梦，所有人都在这白天与黑夜交缠的梦里犯了罪，所以没有人可以摆脱掉这场战争的责任：

> 或者你竟不知道我们夜梦中的一切过度和反常的行为都是人们每天在清醒时所犯的罪恶吗？……请看一看现在仍蹂躏着欧洲的大战：试想大规模的暴戾欺诈正盛行于文明各国之内。你真以为几个杀人争地的野心家如没有几百万同恶相济的追随者，便能使这隐伏的恶性尽情暴露吗？[1]

(四)
"死亡驱力"的发现

梦终究是要醒来的，做梦的人也终究要在白天生活和行动。梦引领着睡眠者尽最大可能回溯到他

---

[1] 弗洛伊德：《精神分析引论》，第 III 页。

生命开始的地方，但它既残留也塑造了白天的剩余经验，当人终于醒来，白天的光突破了梦的保护层，他仿佛被抛入一个不设防的世界，去过现实的生活，他的"神圣自我"被社会道德和文明秩序压抑下来。不过当战争摧毁社会的日常秩序，既有的准则通通失效，个体的"神圣自我"就彻底暴露出来了。

就像弗洛伊德说梦的研究乃研究神经症的最好预备，而且梦本身就是一种神经症的症候，《引论》从释梦过渡到神经症通论，既是理论的综合，更是道出了神经症的实质，即个体从梦里醒来、重返日常生活的不适。

在此之前，弗洛伊德长期探索精神分析的原理和方法，《引论》总结此前成果提到，精神分析最初以"强迫性神经症"与"癔症"或"歇斯底里症"这两种病的研究为基础，它们的差异体现为精神和肉体的关系以及病症在肉体方面的表现，然而它们的病理都基于"固着"，病人都执着于过去的某点，不知道自己如何去求得摆脱，"以致与现在及将来都脱离了关系。他们好像是借病遁世似的；正无异于古时僧尼退隐于修道院中以度残生"[1]。这里所说的点,可以概括为力比多驱力同现实的压抑力量冲突的历史原型,而精神症的发作就是将这个情境召回。

从和布洛伊尔(Josef Breuer)合作撰写《癔症研究》(1895年)起,他确信通过谈话治疗,引导精神症病人自由联想,让被遮蔽的无意识的线索浮到意识的水面,最终讲述出来,释放淤积的力比多能量,就能够治愈病人。当然,对待不同的个案,具体的技术势必有所差异,但无意识和意识的"地形学"(das topographische Modell)原理是明确的。弗洛伊德最成功的案例要数"小汉斯"的案例了:治疗结束13年后,当弗洛伊德再次遇见已长大成人的汉斯,并把当年的案例分析拿给他看,青年汉斯只觉得里面提到的是一个与自己完全陌生的人。彻底遗忘曾经的病症和治疗的经过,正是弗洛伊德眼中治愈的标志。[2]

但随着大战战事的发展和结束,弗洛伊德的思考亦在变化,表现为创伤性神经症(traumatische Neurosen),特别是作为其类型之一的战争神经症

1　弗洛伊德:《精神分析引论》,第217页。
2　彼得·盖伊:《弗洛伊德传》,第294页。

(Kriegsneurosen)的重要性愈发突出，他看到，尽管创伤性神经症和此前探讨的两种神经症一样，都受固着性因素左右，但也产生了新的机制，有待去解释。

他在1919年为《战争神经症的精神分析》[1]撰写的导言，以及1920年的《超越快乐原则》阐释了新观点：与"和平时代"的普通神经症判然有别，战争神经症的实质在于它是被自我冲突加剧了的创伤性神经症。对此，弗洛伊德举了他的学生亚伯拉罕文章里的一个比方，特别形象地说明了这点：就像一位战士的旧的、和平的自我同新的、战争的自我发生冲突，由于旧的自我感到新的自我迅速出现，正威胁着自己的生命，因此他逃入创伤性神经症，以避免新的自我之威胁；新的自我则迫切地要求死亡。此外，他再次强调，战争神经症是从和平堕入战争的百姓的日常生活状态："因此，战争神经症的前提，或者说滋养了战争神经症的土壤，乃是国民军，即应召入

---

[1] 1918年9月，国际精神分析学会在布达佩斯召开了一次以"战争综合症"为主题的大会，费伦齐、亚伯拉罕、齐美尔(Ernst Simmel)宣读了论文，此后和琼斯在伦敦的医学皇家学会做的报告一道，出版了《战争神经症的精神分析》(*Zur Psychoanalyse der Kriegsneurosen*, 1919)一书，弗洛伊德为本书撰写了导言。

伍的军队，在职业军人或雇佣军那里根本不存在出现这种症状的可能性"[1]。

这种日常状态的面貌，无疑比作为分析开端的过失心理学描绘的日常图景复杂得多。在弗洛伊德的笔下，战争神经症不仅指神经症来源的外部战争环境，而且指人心内在自我的斗争。从过失心理学到梦的研究，弗洛伊德揭示了追求欲望满足的驱力同现实压抑之间的矛盾，或者说，指向对象的力比多驱力同旨在保全自身、却又经文明塑造的"自我驱力"之间的剧烈斗争；但随着大战的展开和战后悲惨面貌的呈现，弗洛伊德关于这对矛盾的认识发生了变化，尤其对"自我驱力"有了新的理解：一方面，自我驱力不再是和力比多相对的一个被动者，毋宁自我本身不光受到力比多的精神关注，还成了力比多的原始家园；另一方面，自我驱力除了爱欲的力比多，还有与之对抗的另一种驱力，即亚伯拉罕说的"新的、战争的自我"，在此后的文本里，弗洛伊德将它称作"死亡驱力"。

处理求生驱力同死亡驱力这对矛盾时，过去静

1　Sigmund Freud, "Einleitung", in *Zur Psychoanalyse der Kriegsneurose*, Wien: Internationaler Psychoanalytischer Verlag, 1919, S.5.

态化的地形学原理已经不够了。在《引论》里，弗洛伊德已经指明要引入了动态化的经济原理。到了《超越快乐原则》，他将之称作"元心理学"的描述，足见他对战争心理的重视。

老实说，如果追寻精神分析理论的发展脉络，那么我们会看到，自我观念是沿着一条清晰的思想主线演变的，和弗洛伊德对"自恋"现象的发现及其原理的探讨息息相关，正是自恋问题引导他打破自我与力比多的界限[1]。但没有战争处境这一前提，也就没有他对自我的死亡驱力的揭示。

《导言》关于战争神经症的判断，在《超越快乐原则》一书里得到进一步证实和系统发展。此前强迫性神经症患者或癔症患者，无论陷入日常性焦虑还是困束于梦中场景，皆因愿望在现实里未被满足。说到底，人主要遵循快乐原则行事。

早在大战前，弗洛伊德就提出了人类精神功能的两重原则：快乐原则 (Lustprinzip) 与现实原则

---

[1]　弗洛伊德对自恋的关注，可以追溯到他的《达·芬奇及其童年回忆》一书 (1910 年)，但标志着思想转变的真正文本是他在大战期间发表的《论自恋》(1914 年)。

(Realitätprinzip)。[1]延续《释梦》所得出的结论，弗洛伊德认为快乐原则占据着支配地位，不过因为有机体活在世上，一定会受其他一些刺激和力量的影响，为了自我保存和最终满足，他放弃了当下满足的可能性，暂时忍受着不愉快的存在，这种精神趋向被他称作现实原则。很显然，现实原则受制于快乐原则，只是快乐原则的衍生物而已。

但是如今，弗洛伊德发现人心更复杂之处。因为外部创伤的剧烈冲击，特别是大战带来的摧毁性创伤效果，给有机体能量的功能方面造成了大规模的障碍，使得快乐原则瞬时失灵了，人普遍地陷入"惊悸"的精神状态，所谓"惊悸"，即一个人突然陷入对危险毫无思想准备的恐惧之中。[2]人不仅要求暂缓实现满足，而且通过在现实或梦里强迫重复自己回到过去不愉快的那一固着场面，不断重演痛苦。

作为证明，我们可以审视《超越快乐原则》里一则小孩丢玩具的故事。事实上，这个孩子正是弗洛

1　Sigmund Freud, "Formulierungen über die zwei Prinzipien des psychischen Geschehens", in *Gesammelte Werke, Band 8*, Frankfurt am Main: S. Fischer Verlag, 1968, SS. 230-238.

2　弗洛伊德：《超越唯乐原则》，《自我与本我》，林尘、张唤民、陈伟奇译，上海译文出版社，2020年，第11页，第36页。

伊德的外孙、他的女儿苏菲的大儿子。一岁半的孩子非常依恋他的母亲,不过当母亲离开他时,他并不哭闹,只是将拿到手的小玩意扔到屋子的角落。一面扔东西,不止如此,他还发明了一个完整的丢失和寻回的游戏,即用缠着绳子的木轴来回扔拖,循环往复,一面口中还要拖长声调喊着"噢——噢——噢——噢"。

弗洛伊德通过长时间的观察,认识到这个孩子在自导自演着一场母亲离去和母亲返回的戏剧,尤其母亲离去的行为被不断重复着。从俄狄浦斯情结看来,他应当要最大程度摆脱痛苦,或者以其他方式寻求满足,但此刻悖谬的事实是,他在不断强迫自己重复不愉快的体验,要从被动的地位取得主动!同时,他恶意地把不愉快的体验转嫁给其他对象,在一个替身身上进行报复,这个替身既是他手中的玩具,也是玩具象征的亲人,父亲、兄弟姐妹甚至母亲,弗洛伊德注意到,孩子的话语和行为充斥着战争的意味:

一年之后,也就是那个我曾经观察过的小男孩,当他生某个玩具的气时,首先想做的事往往是抓起这个玩具，把它扔在地板上，口中喊道："滚到前线去！"因为那时他已经听说，他的父亲不在家中而是"去了前线"。[1]

战争的表象无非更深层的人类驱力的反映。快乐原则的失效，促使弗洛伊德回过头来重新评估快乐原则与现实原则之间的关系。他现在认识到，过去对现实原则的把握，实际上是把现实等同于一种知觉现象，故而因现实导致的"不愉快"并不与快乐原则占优势这一情况矛盾[2]。如今通过对强迫重复现象的观察，他所理解的现实原则有了不同的意味：强迫重复是一种比它所压倒的快乐原则更原始、更基本、更富于驱力的东西，由它揭示的现实原则，根本不是心理器官表层感受外部刺激的机能，而指示着心灵最深处的、完全由人的自我起作用的源始经验，在快乐原则的优势作用还未发生时就已完成了[3]。

1 弗洛伊德：《超越唯乐原则》，第16页。
2 同上，第9页。
3 同上，第39页。

"超越快乐原则"的现实原则的驱力根据又在哪呢？如果说个体的爱欲力比多的根源，在于无限回溯到和母亲结合的"子宫之内"的生活，那么如今的弗洛伊德已经不满足个体历史的解释效力，而是要从"有机体的历史过程"来解读新驱力原则的实质，他这样写道：

> 然而，"本能的"一词又如何与强迫重复相联系呢？在这一点上，我们不能不觉得我们也许已经发现了各种本能所共有的、可能还是整个有机生命都具有的普遍性质的痕迹。人们对这种普遍性质至今尚未有清楚的认识，或者至少还没有明确地强调过。因此看来可以这样认为，本能是有机体生命中固有的一种恢复事物早先状态的冲动。[1]

要想证明这一点，看看鱼和鸟的迁徙是为了回到种群原来的地方，看看胚胎复演着早期生命阶段以及器官的重生，我们不就可以相信，有机体的驱力就是强迫重复回到物种的原始状态这一点吗？再往

---

[1] 弗洛伊德：《超越唯乐原则》，第46—47页。

前进一步，我们将承认，一切生命的最终目标是死亡[1]。假如我们必须死，那么死亡首先会使我们丧失自己最钟爱的人；相较死亡驱力，爱欲力比多只是偶然和例外，我们又能否坦然地接受这一无情的自然法则呢？

文明状态里的人类，当然不可能纯然地面对死亡驱力，强迫重复及其背后的经济原则就意味着自我的死亡驱力和爱欲力比多是纠缠在一起的，人类的日常生活便是在生的驱力和死的驱力这两极间摇摆。在爱欲力比多的主导下，性与爱欲中有倒错和施虐的成分；反之，在死亡驱力的主导下，人的爱欲冲动仿佛被厄运或"魔"左右着，挥之不去，而且总会成真，如塔索笔下的坦克雷德，悲哀于命运让他再次伤害爱人克洛林达。

从战时文字《考察》里所说的"情感之暧昧"，直到1930年出版的《文明及其不满》里提及的"巨人之争"（Streit der Giganten），弗洛伊德深刻地认识

---

[1] 保罗·利科从解释学的角度详细考察了弗洛伊德论证死亡驱力的逻辑推理过程，他不无道理地看到，弗洛伊德在此最少遵循解释学、而最大程度遵循了思辨原则，因此与其说死亡驱力是一个被确定无疑地证明了的东西，不如说它是一个假设或"思辨前提"。参见保罗·利科：《弗洛伊德与哲学：论解释》，汪堂家等译，浙江大学出版社，2017年，第197页。

到，大战不过将人类驱力里的两种力量的斗争呈现到极致：

现在，我想文化发展的意义对我们而言不再那么晦暗不明了。它应该是要对我们展现爱欲和死亡、生命驱力和死亡驱力之间的竞争，正如在人类种族之间上演的斗争。这个斗争构成了这个生命的本质，所以说，文化发展简而言之就是人类种族的生命斗争。而我们的保姆要以"天国的摇篮曲"平息的，正是这场巨人之争。[1]

（五）
"因何而战？"

时间来到了二十世纪30年代。1931年，伟大的物理学家爱因斯坦受"一战"后成立的"国际联盟"及其设立于巴黎的"国际知识分子合作协会"的邀请，就某一"关系到文明进程的最重要的问题"，选择一位著名的学者，展开通信交流。大战虽已平息，

[1] Sigmund Freud, *Das Unbehagen in der Kultur*, Wien: Internationaler Psychoanalytischer Verlag, 1931, SS.97-98.

但记忆未远，新的战事危机也在酝酿之中。爱因斯坦意识到了"战争"已经成为现代文明人的生存问题，因此他选择去探讨的主题即"是否有一条使人类从战争的厄运中解脱出来的途径？"，并且想到了通信人选——弗洛伊德。他写信给弗洛伊德，而弗洛伊德不久即致信回答了他的问题。

在讲述通信内容之前，有必要了解关于他们两人相识的一些背景信息。爱因斯坦与弗洛伊德此前只见过一面，那是在1927年的新年夜。不过因为两人各自在物理学与心理学领域做出的划时代贡献，还有两人同为犹太人的身份，欧洲的知识界和舆论界习惯于将他们相提并论，比如弗洛伊德曾在1925年致侄儿的一封信里写道："全世界的犹太人都拿我的名字来炫耀，把我与爱因斯坦相提并论。"[1]1927年的见面令双方都很愉快，弗洛伊德称赞爱因斯坦懂得心理学正如他自己懂得物理学；爱因斯坦赞美弗洛伊德是哲学家叔本华之后最伟大的作家。尽管如此，两人间的分歧也不可忽视。就在见面的当晚，爱因斯坦拒绝了弗洛伊德对他做精神分析的

1　彼得·盖伊：《弗洛伊德传》，第506页。

邀请，后来在写给弗洛伊德的信里，也坦诚自己对弗洛伊德的学说在"信与不信"之间摆荡。[1]我们也知道，他不支持弗洛伊德竞逐诺贝尔奖。而在弗洛伊德这面，他也知道爱因斯坦赞赏他的文体，是因为缺乏对其思想内容的理解。[2]

从爱因斯坦与弗洛伊德的相识背景初步了解二人审视彼此的态度，有助于我们辨明二人通信间反映的各自视角、思路、态度的同与异。他们的通信《因何而战？》于1933年，以德文原文和英、法译本的形式同时出版，其中，英文本由斯图尔特·吉尔伯特译出，法文本由布莱斯·布里奥德（Blaise Briod）译出。

也许正因为爱因斯坦同弗洛伊德之间的暧昧差异，书名"Warum Krieg?"（英文书名"Why war?"，法文书名"Pourquoi la guerre?"）似乎有意取消连接"为什么"同"战争"之间的关系词，故而很难用中文来做统一的表达。按照爱因斯坦的理解，我们可

---

1 彼得·盖伊：《弗洛伊德传》，第634页。

2 Ulrich Baer, "Albert Einstein and Sigmund Freud: A Meeting of Great Minds", in *Why War? A Correpondence between Albert Einstein and Sigmund Freud*, translated by Stuart Gilbert, warbler classics annotated edition, 2024, pp.71-73.

以将问题译作："为什么会有战争?"。可弗洛伊德的理解要复杂得多,或许可以译作"为什么'是'战争?",因为弗洛伊德完全从现实存在的眼光,证明人类"不得不"以某种实在的方式对待战争。无论如何,读者需要先行地明了文本的内在区别。

通读二者的通信,不难发现,爱因斯坦是从近代自然法的主题,即使用权力的正当性,即法律同权力之间的关系出发,追问人类永久和平何以可能。不过与此同时,大战的经验促使他天才地预感到,人性中一定存在着一种热衷于仇恨和毁灭的驱力,不然无以解释大战的惨烈以及战后人心仍然悬置于战争再次爆发的危险气氛,因此他求教于弗洛伊德。

"我们相信这种驱力的实存,而且近些年,我们一直在努力研究它的诸种表现。"[1]弗洛伊德如是回答,肯定了爱因斯坦的洞见,对死亡驱力的发现必然会彻底改变我们对于自我和文明立场,对于战争与和平问题的态度,如今我们不可能再像十八世纪的启蒙主义者那般,天真地相信人靠理智能缔结、维持和平的契约、过上有秩序的生活,幻想人人都成为和

---

1 见本书第62页。

平主义者。故而,当我们问"因何而战"的时候,我们实际上天然预设了和平的永恒,战争作为和平的偏离状态,乃是偶然的、暂时的。

弗洛伊德的答复置换了关于战争起因的传统提问方式。他现在问的是: 我们为何无法容忍战争。"您和我,还有许许多多的其他人,为什么接受不了战争,不能把它当作像生命里其他的很多令人痛苦的困境来接受呢?"[1]这背后有两点意思: 其一,人类的死亡驱力和攻击冲动无论如何都不可能彻底消除; 其二,我们问战争的起因,不再将文明的标准作为既定的前提,而要以驱力作为运思的根据,对此,弗洛伊德提出我们容忍不了战争的理由如下:

> 事实上,战争在审美层面上的贬损,对我们拒绝战争所起的作用,不亚于战争暴行本身。[2]

从驱力出发并不意味着否定文明。弗洛伊德提出的两点理由中,战争的残酷性指经过了文明改造和洗礼的人类,再也忍受不了自己蒙受屈辱,眼见前

---

1 见本书第69页。
2 见本书第72页。

人艰苦创造的文明成果毁于一旦。不过这里更值得注意的是所谓"战争在审美层面上的贬损",这关系到弗洛伊德所强调的，从爱欲驱力的美学价值反观死亡驱力的破坏性。我们不应忘记，在《超越快乐原则》里，当弗洛伊德谈到人类回到原初状态的驱力时，用柏拉图《会饮篇》里的原始人被宙斯劈开又寻求自我结合的故事，来证明原初驱力蕴含的爱欲成分。[1]

更充分的例证见于《文明及其不满》，全书以驱力为根据解释文明的发展史及其对驱力的反作用，不止如此，弗洛伊德在书里正面回应了如何从美学价值扼制死亡驱力：

对我而言，人类命运问题，似乎就是他们的文化发展是否以及在何种程度上能控制住人类的攻击驱力和自我毁灭的驱力，不让它们伤害到共同生活。就此而言，当前这个时代或许特别值得我们关注。人们现在支配着自然的力量，可以在这种力量的帮助下轻易毁灭彼此，直到最后一人。他们对此心知

1　弗洛伊德：《超越唯乐原则》，《自我与本我》，第12页，第77页。

肚明，他们现在的不安、他们的不幸、他们的恐惧情绪，有一部分就来自于此。可想而知的是，"上天的力量"中的一个，即永恒的爱欲，会想尽办法在和他同样不朽的对手的斗争中胜出。可是谁能预见到底哪一方会获胜，结果又是怎样呢？ [1]

换言之，为了对抗战争以及作为其根源的死亡驱力，只有重视其对立面，即爱欲驱力，对其善加引导和教育才是必由之路。我们知道，在弗洛伊德的思想体系里，性或爱欲占据着绝对首要的位置，但一直以来，文明总体上是在克制驱力，通过在自我里培育出"超我"（Über-Ich）、用负罪感压制驱力，尤其世界历史发展到世纪末，滋养了布尔乔亚的道德、礼仪和做派。神经症研究和治疗中已然证实发达的超我系统造成的后果，一为压抑与遮蔽，在个体超我严厉的要求和禁令中，超我极少考虑由本我（Es）生发的快乐需求，更没有充分认识两种力量在自我（Ich）内的冲突所孕育出的痛苦，以及真实外部环境的困难；二为追求生存和与他人结合的爱欲，经压抑蜕

---

1 Sigmund Freud, *Das Unbehagen in der Kultur*, S.136.

变成恶的力量，如自虐、施虐、死亡、战争都是驱力倒转结出的恶果。

对弗洛伊德而言，精神分析除了服务于精神病学的治疗活动，更是一种普遍的教育理论，爱欲即教育的首要着眼点。后来的马尔库塞准确地认识到，爱欲乃弗洛伊德学说的中心，不过他将爱欲同马克思的异化理论合为一谈，相信解放劳动压抑的爱欲革命乃解决发达工业时代"单向度人"之困境的根本方案，身体力行地领导战后的新左派运动。但如此一来，弗洛伊德所洞悉的人类驱力和文明进程之间的复杂关系，还有精神分析的教育潜能就被革命话语掩盖了。

在《因何而战？》里，爱因斯坦求教于弗洛伊德的，正是"一条教育之路，能通过一定程度上非政治的方式清除心理学上的障碍"[1]；弗洛伊德的回复，也信赖于"凡是促进文化发展的东西，也能反对战争"[2]，说到底是探询教育之道。

事实上，弗洛伊德在大战时代，致力于正面地论述教育，公开地向大众讲授他的教育观。而教育关

1　见本书第48页。
2　见本书第72页。

键在于首先理解爱欲，进而引导它迈入健康的轨道，只有这样，人才能节制破坏欲和死亡驱力，甚至提升自我的美学素养。

弗洛伊德从两个原则定位爱欲驱力：其一，在意义范围上，他恢复了爱欲在古希腊语境里的"爱若斯"意蕴，现代人只是狭义地将爱欲视作性欲、性活动、生殖的机能，相反，审查一下原初人类对爱欲或性的理解，我们就会发现，爱欲是广义的人类寻求结合的欲望，可以说它是人能存在于世、能在世生活的意义全体；其二，在区分的基础上，现代人进一步做了善与恶、正常与偏离的价值判断，那些不以正常男女性交和生殖为目的的性行为通通被划为病态，但在弗洛伊德看来，恰恰被现代人舍弃、概以倒错之名的爱欲内容，比理解所谓正常状态更重要：

> 我们如果不能了解这些性的病态的方式而使它们和常态的性生活联系起来，那么常态的性生活也必没有了解的可能。[1]

---

[1]　弗洛伊德：《精神分析引论》，第244页。

为什么这么说呢？因为我们在成人身上见证的一切性倒错行为，都能从"无辜的"孩子的倾向里发现，弗洛伊德将歌德《浮士德》里的"太初有为"（太初有罪！）当作文明开端的题眼，就道出了真相。靠理智做出的善与恶、正常与偏离的概念划定，以及非此即彼的选择，只不过是在强制性地让自己忘记原始的来路，没有意识到它们既共存、交融于人生，又属于有机体历史演化的过程。常态也是要经病态的开端演进而来的，绝非一个无历史的既定状态，教育在此起到至关重要的作用。就此而言，弗洛伊德和尼采一样，秉持超善恶思想。

　　从《性学三论》（1905年），弗洛伊德揭示婴儿性欲，到"小汉斯""狼人""史瑞伯"等案例，他逐步探索儿童期性错乱的对象性根由，再到《达·芬奇及其童年回忆》（1910年），他从指向对象的性欲回返自体性欲，发现自恋与同性恋的亲缘关系及其源起，最终提出儿童性欲发展的四周期，分别为"口腔、肛门期、阴茎期、性器期"。其中，儿童的肛门期同阴茎期之间的状况极其关键，一旦儿童被"阉割恐惧"支配，无法正常进化到性器阶段，使一切关于性的部分驱力受生殖区统治势力的支配，同时又使性生活从属于生殖的机能,那么他必然回退到生殖前的阶段,未来显露出自恋、同性恋、虐待狂等性倒错症状。[1]

弗洛伊德对儿童性成长的探讨,并不止于神经症治疗本身,而具有普遍的教育意义,因为现代教育的理念就同儿童性成长的规律彻底背道而驰:

> 教育的最重要的社会任务之一是使那作为生殖机能的性本能接受个体本身的约束和控制(这便是社会的要求)。所以,社会为了自己的幸福,就要使儿童的充分发展暂时延缓,……教育的理想就是要使儿童的生活化为"无性"(asexual),久而久之,就连科学也深信儿童是没有性生活的了。[2]

现代教育是无性教育,先把人设定成无性人,才开始教育,故而它说到底是冷漠无情的,弗洛伊德则和卢梭一样,相信从孩子诞生起,教育的历程就已展开了。他早年追随沙可(Jean-Martin Charcot)、里厄保(Ambroise Auguste Liébeault)、伯恩海姆(Hip-

---

1 限于篇幅,本文不拟对各个时期的具体状况以及精神分析的针对性教育展开说明,具体可参见《引论》的第二十讲和第二十一讲。

2 弗洛伊德:《精神分析引论》,第248页。

polyte Bernheim) 等人研习催眠术，确信这套新科学第一次认真地对待神经症，直面现代人说不出的性障碍，引领我们"进入最非理性、因而最为真实的生命核心之门"[1]。

但后来亲身的临床实践，让弗洛伊德洞悉了催眠术的困境及其实质：它用暗示和一系列物理手段，如麻醉、电疗等，看上去很快就能达到预期的疗效，但病症通常在短时间内就复发，甚至加剧了病人对医生的愤恨，因为催眠术既不尊重个案的独特性，强靠单一的、机械的手段治疗，又像江湖术士的施魔，它的短暂成功更多源于催眠者加之于被催眠者的支配。弗洛伊德记叙过自己在1889年亲眼看伯恩海姆施展其催眠技法的经历："当一个患者显示出不服从的迹象时，便会遭到这样的呵斥：'您在干什么？您在反抗暗示！'"他感到，这显然是极不公正的暴力行为。[2]

说到底，暗示仍然沿袭了传统的同一真理观和权力意志，并为之沾沾自喜，总抱有教育成功的幻

1　马克斯·韦伯：《中间考察》，《宗教社会学 宗教与世界》，康乐、简惠美译，广西师范大学出版社，2014年，第475页。
2　弗洛伊德：《自我与本我》，第117页。

象,就像学校颁发毕业证书,便以为一劳永逸地宣告教育的完结。对此,弗洛伊德很干脆地批评道:只有丢了催眠术之后,精神分析才算真正诞生。[1] 可以说,精神分析旨在摒弃上述冷漠和幻象,开启新的教育事业。

(六)
战争与人的再教育

在思想史上,精神分析发动了哲学革命。它颠覆了从古典到近代以来的人的理性能力的预设,正如休斯克准确概括的:"理性之人不得不让位于内涵更丰富,但也更加危险和易变的生命,即心理之人 (psychological man)。这种新概念的人,不只是理性的动物,更是具有情感和本能的生命。我们也倾向于将他作为文化中各个方面的衡量尺度。"[2] 随着对人类驱力世界的深入开掘,弗洛伊德告诉我们,不再有任何确定的文明价值摆在眼前,指引我们应当

---

1 弗洛伊德:《精神分析引论》,第232页。
2 卡尔·休斯克:《世纪末的维也纳》,李锋译,江苏人民出版社,2007年,第2页。

成为怎样的人；相反，我们活着，就在永无止歇地面对自我的深渊，在接受或从事着教育。这样一来，精神分析掀开了教育革命的序幕。

无论对于哲学革命还是教育革命而言，第一次世界大战都算得上分水岭，标示着发展的前后阶段。十九世纪90年代起，弗洛伊德同布洛伊尔合作，逐渐认清了催眠术的局限，开始以神经症个案为中心，展开谈话治疗，尽可能以暗示的方法，启发病人自由联想，回忆自己的童年经历，发现不自觉的无意识的东西；只要无意识的历程一成为意识，病症必然随之消灭。

在《引论》里，弗洛伊德总结催眠术的暗示法和精神分析的暗示法之差异时指出，前者想要将心中隐事加以粉饰，后者则在暴露隐事而加以消除；前者用暗示来抵抗症候，它只增加压抑作用的势力，并不改变症候形成的一切历程，后者则在引起症候的矛盾中，求病源之所在，引用暗示以改变这些矛盾的后果，而要使化解矛盾成为可能，"要病人也像医生那样努力，以消灭内心的抗拒"[1]。

1　弗洛伊德：《精神分析引论》，第367页。

这番言论背后，弗洛伊德实际上提出了一套颠覆传统教育哲学的方案：在病人或学生面前，医生或教师不再充当真理的代言人、指引者，借用各种中介，强迫其牺牲自己，整合进同一理念；相反，借用布伯（Martin Buber）或列维纳斯（Emanuel Levinas）的话来说，医生或教师乃不可理性以及权力化约的"你"或他者，他介入病人或学生的自我，担当其无意识的传声筒[1]，引导学生真正地发现自己、成为自己，故而精神分析乃摒弃了冷漠和幻觉的再教育[2]。

　　弗洛伊德岂不是重新回到"苏格拉底对话"这一西方哲学的本源性问题了么？相比于柏拉图对苏格拉底对话做理念论诠释、为后世奠定了大一统的思维模式，弗洛伊德更关注对话的本然面目：一方面，苏格拉底相信所有的人都知道真相，只是他不知道自己知道而已，这才导致种种谬误和罪恶；另一

1　可参考：K. Daniel Cho, *Freud, Lacan, and the Psychoanalytic Theory of Education*, New York: Palgrave Macmillan, 2009, pp.27-43。不止如此，我们需要注意到弗洛伊德精神分析的犹太传统，第二次世界大战后的法国犹太哲学家，如列维纳斯等人致力于由此出发结合精神分析和现象学的思想。

2　弗洛伊德：《精神分析引论》，第368页。

方面，医生或教师只是启迪者和助产士，说到底是要促成他人自己意识到真相。

然而大战给一切已明朗的事物蒙上了阴影。正像弗洛伊德逐渐洞悉人性和日常生活里更晦暗、更矛盾的内容，他亦渐渐认识到教育的真正难点所在：大战既为自我驱力的冲突，在死亡和破坏性驱力的主导下，自我又何尝不会强制重复痛苦，将矛盾投射到他人身上，敌视他人，憎恨教师，拒绝教育？[1]

如我们所见，弗洛伊德在《引论》里花了大量篇幅谈"抗拒"和"移情"问题。他此后也坦言：今日精神分析技术的直接目的已经与它初创时期的情形完全不同了，目前工作的关键是对付患者的抗拒，尽快地揭示出这种抗拒现象，向患者指明这种抗拒！[2]而抗拒现象事关苏格拉底问题里最深的疑难，也许知识在人为划定的理性标准上是同一的，因而可以

1　这里强调的是广义的战争经验。我们当然不能只从大战的历史条件来解释精神分析的思想演变，事实上，早在处理少女杜拉的案例（1901—1905年）时，弗洛伊德就品尝到治疗的挫折感，并从总结案例中认识到抗拒和移情现象的重要性，此后，在1911—1915年期间，弗洛伊德撰写了一系列论临床技术的论文。参见彼得·盖伊：《弗洛伊德传》，第324—336页。

2　弗洛伊德：《超越唯乐原则》，《自我与本我》，第12页，第19页。

传授的，但人各不同，在驱力的领域里，丝毫没有知识的对接和共通可能，"这个知和那个知互不相同。知的种类不一，在心理学上绝没有同等的价值"[1]。教师能交给学生什么？教师何以是教师，学生又何以是学生？

换言之，身处于战争这一现代总体经验世界里的人，其面对的教育难点，不在于如何传授知识，而在于在多大程度上明白我们一开始就可能无力去知、并非所有人都可教的事实。我们必须承认，教育不是完全可能的。精神分析了不起的地方，也就在于它一开始就清醒地承认教育之限度。就此而言，弗洛伊德通过倒转康德的认识秩序，奠定了新的启蒙意义。

教育既是对教师的要求，也是对被教育者的要求。相较教师的主动性，学生首先应当在教育这件事上付出更大的努力，而教师必须从一开始就要判断哪些人可教、哪些人不可教，从作为外部条件的家庭和社会关系上来说，无法独立地对自我负责的人必须排除在可教的范围之外，"凡属在生活的重要关

1　弗洛伊德：《精神分析引论》，第224页。

系上，未达法定年龄不能独立的人，就不代为诊治"[1]；从个体的内在性来说，自恋到自我完全地封闭，不具备移情能力的人更没有可能接受治疗或教育，因为他永无可能勇敢地言说，无力将力比多投射于教师，也就无法给教师启发他呈现力比多固着之真实情境的机会，"他们总是固步自封，常自动地作恢复健康的企图，而引起病态的结果；我们只能爱莫能助"[2]。而教师这一方呢？他必须意识到教育永无止境，除了保持清醒和审慎的态度，历练教育的艺术外，别无他途：

我们的目的是要用一种很慎重的技术，来防止由暗示而起的暂时的成功；但是即使有此成功，也无大碍，因为我们并不以第一个疗效为满足。我们以为，假使疾病的疑难未得到解释，记忆的缺失未能填补起来，压抑的原因未被挖掘出来，则分析的研究就不算完成。[3]

1　弗洛伊德：《精神分析引论》，第376页。
2　同上，第365页。
3　同上，第369页。

出版统筹：沈　刚

策划编辑：薛宇杰

责任编辑：薛宇杰

特约编辑：郭曼雅

营销编辑：戴学林　金梦茜

责任印制：包伸明

书籍设计：陈　渚（notadesign）

奇遇时刻
ventura

联系我们：info@venturabooks.cn